原発災害と生活再建の社会学

なぜ何も作らない農地を手入れするのか

庄司貴俊

春風社

まえがき

何の変哲もない農地がある。しかし、この農地から何も得られるものはない。

筆者がはじめて調査地域である原発被災地に入ったのは二〇一四年十二月であった。何か論文のテーマになるものはないかと歩いていたときに、目に入ったのが手入れの行き届いた綺麗な農地であった。当時、原発被災地では農業を行うことは難しいという情報を聞いていたため、農地は荒れていると想像していた。しかし、目の前に広がる光景は違っていた。想像よりもはるかに綺麗な農地に驚いた筆者は、近くの民家を訪ね住民に「何か

写真① 原発被災地のとある農地（2015年10月27日 筆者撮影）

作っているのですか?」と聞いた。すると、「何も作っていないよ」と返答され、続けて「でもみんな手入れはしているから土地はきれいだよ」といわれた。この返答は、筆者に疑問をもたせるものだった。なぜなら、筆者の家も農業を行っているため、作らない農地が綺麗なままであることが不思議であったからである。作る、すなわち栽培している農地は、当然手入れがされ綺麗である。しかし、一方で作らない農地は手入れがされないため、綺麗な田畑が荒れ地となる姿を見てきたし、それは普通のことだと考えていた。

さきほど提示した写真①は、はじめて調査地に入り目にした農地を、一年越しに撮影したものである(本格的に調査を開始したのが二〇一五年であったため)。住民は何も作っていないといっていたが、正確にいえば、この農地は事故の影響により農業をやめざるをえなかった元農家の農地である。つまり、農業をやめて四年半以上が経過した農地なのである。けれども、住民が筆者に説明してくれたように定期的に手入れがされているため、農地は綺麗な状態を保っていた。この写真を農家である筆者の父にみせると、何か作っているのかと聞かれた。筆者が何も作っていないこと、それでも手入れを続けていることを説明すると、父は驚き、どうしてここまで綺麗にしているのかと質問された。父の問いかけは当然の疑問である。なぜ、作らない農地への手入れを続けるのか。

以上の問いを考えることが本書のおおよその道筋であり、本書の副題にあたる。「おおよそ」と書いたことには理由がある。というのも、研究において問いとは、とても大切なものである。しかし、同時に研究を進めていく(あるいは論文を書いていく)上で、何のためにその問いを考えるのかも非常に大切となることを大学院生時代に学んだ。大学院を出た後も、さまざまな研究会に参加しているが、そこでもその重要性はよく耳にする。簡潔にいえば、問いを通して何を見たいのかということである。

では、本書の場合、問いを通して何を見ようとしているのか。筆者は、二〇一一年に発生した福島第一原子力発電所の事故以降、事故の影響が続くなか、被災した人びとがどのように自らの暮らしを立て直しているのかが、とても気になっていた。これが本書で問いを通して見ようとしているものである。だからこそ、大学院に進学した後、筆者は原発被災地を自分の足で歩き「問い」を探そうとした。そして、「作らない農地に対する働きかけ」という問いに出会った。すなわち、本書は、「作らない農地に対する働きかけ」という問いを考えることを通じて、最終的に「原発被災地で生活を立て直すための論」を導き出すことを目的に置いている。そして、これが本書の題目にあたる。

原発災害と生活再建の社会学——なぜ何も作らない農地を手入れするのか◆目次

はじめに――何気ない営みとの遭遇

本書の目的は、原発被災地域のフィールドワークから、居住制限や生産制限といった不条理に直面しているにもかかわらず、なぜ人びとが原発被災地で暮らし続けることができるのか、その論理を明らかにすることにある。これにより、原発災害という未知の大災害のなかで、生活を立て直す手法を模索することになる。

日本では毎年災害が各地で多発しており、一九五〇年代までは災害による犠牲者は年一〇〇〇人を超える被害が多発していた（内閣府 二〇〇二）。環境条件からみれば、日本は災害大国といえる（松田・山田 二〇一六）。そして、災害大国で暮らす「日本人は気の遠くなるような昔から、災害に立ち向かって…（中略）…災害に耐えてきた」（高橋 二〇一三：14-15）のである。

したがって、防災や復興を扱う災害研究においては、こうした「災害と向き合ってきた／災害を受容してきた人びとの姿勢・知識・知恵に学ぶことがある」といった言説が顕著にみられる（長尾 二〇一〇：金子 二〇一二：高橋 二〇一三）。それは災害と隣り合わせにあり、繰り返し災害を受けてきた日本独自の考え方といえるだろう。

しかし、二〇一一年に発生した、福島第一原子力発電所の事故（以下、原発事故）は、〝原発災害〟と称されるほどの、最悪水準の原子力関係の大事故であり、日本においては過去経験したことのない水準の事故であった。さらに、原発事故なるものは起きないとされる「安全神話」（小松二〇一三）もあいまって、事故に対する知識や対応などは、多くの一般住民には理解されていなかった。また、今回の事故と唯一水準が同等とされる、一九八六年に発生したチョルノービリ原発事故は、起きた年および場所を踏まえれば、時間的にも空間的にも遠く離れた、まさに〝異国〟の出来事であった。以上を踏まえると、二〇一一年に発生した原発事故を、未曾有にして〝未知の大災害〟と位置づけることができよう。

重要なのは、未知であるがゆえに、従来の考え方が通じないこと、何より福島第一原子力発電所周辺で生活していた人びとが、事故に関する経験も知識もないからこそ、津波被害とは異なり、原発事故によって、集落の単なる外観という点では何の変わりもなく物理的な損害が生じていないにもかかわらず、突如として生活していた場所に住めなくなる事態は、原発被災者にとって不条理なものであったことにある。放射線という目にみえず、匂いすらもないものに、人びとは翻弄され、納得ができないままに、生活環境に変容が強いられた。このことは不条理としかいえない。居住地に住むことができない、農地で農作物を作ることができない、海で漁をすることができないなどといった不条理に直面している被災者は、事故の発生から長期にわたって生活の定点を見出せずにいる。

こうしたなかで、慣れ親しんだ地域を去る、あるいは去らざるをえない被災者がいる。また、戻らないと決めた被災者もいる。一方で、原発被災地で暮らし続ける人びとがいることもまた事実である。本書が対象とした人びとも、原発被災地で暮らし続けている。興味深い点は、大災害後でも災害前と変わらない日常的な行動がみられている点にある。以下は、本書が対象とした震災後の元農家の行動である。

夜がまだ明けていない五時に目を覚まして、顔を洗い、着替えを済ませると、農地へ向かう。そして、いつものように農地の手入れをはじめる。土を耕したり草を刈ったり、ときには除草剤を撒いたりする。そうして一時間ほど働いたら、一度家に戻り朝食をとる。朝食を済ませたら、再び農地に向かい手入れを再開する。

この部分だけをみると、農家としては「何気ない日常の一コマ」であり、「いつもと変わらない習慣」を単にこなしており、ここが原発被災地とは思えない。ただし、これは部分的なものであり、本事例地にも原発災害の影響はある。賠償金の問題にくわえ、集落で農業を営んでいた人びとが、事故の影響により生産活動から身を引かざるをえなくなってしまったことが、例としてあげられる。その上、彼ら彼女らは再開の意志ももちあわせていない。なぜなら、元農家の言葉を借りれば「作る自分たちでさえ、食べたいとは思わない」からである。ここに原発被災地の生活の内実が垣間見える。

では、農業をやめたにもかかわらず、なぜ元農家は農地の手入れを継続しているのだろうか。農地の手入れのみ続けている点について、ある元農家は「洗濯や家の掃除と同じこと」だと、あくまで〝日常の一環〟であると説明する。大災害後にもかかわらず、こうした変わることなく残り続けるもの（災害前の日常）には、原発災害の継続的な影響下から生活を立て直す上でのヒントがあるのではないだろうか。本書では、作らない農地に対する働きかけという事例を通じて、原発事故によって不条理に直面しているにもかかわらず、人びとが原発被災地で暮らし続けられている論理を明らかにする。

序章

原発被災地で暮らす人びとを対象として

一　故郷を去る人びと

二〇一一年に発生した東日本大震災は、未曾有の被害を各地域にもたらした。地震それ自体は東北地方太平洋沖地震と呼ばれ、地震の規模はM九・〇という、国内では観測史上最大の数値を示した。当震災が未曾有の被害となった背景には、大きく二つの出来事が関係している。ひとつは地震により誘発された大津波である。津波は、岩手・宮城・福島県を中心に、各沿岸地域に甚大な被害をもたらした。東日本大震災によって、亡くなった人の九割以上が溺死である点を踏まえると、その被害の大きさが窺える。

いまひとつは福島第一原子力発電所の事故である。事故が起きた当初は、どれほど深刻なものであったのかを知っていた者は、一部の人間であり、多くの人は筆者を含め、あまり深くは捉えていなかったように思える。しかし、この事故は、後にチョルノービリ原発事故と同等、ないしはそれ以上とされる「最悪水準」の原子力関係の大事故とされる。事故後、原発の周辺地域で生活していた人びとに対して、国は避難指示を出した。これにより多くの人びとが半ば強制的に住み慣れた地域を離れ、他地域で避難生活を送らざるをえなくなった。

原発災害を扱った研究のなかには、こうした避難をめぐる課題について検討した研究（山本二〇一七）や避難者の生活再建について検討した研究（高木二〇一七）、あるいは避難者の生活そのものに着目した研究（関・廣本二〇一四）など、被災者の避難について扱った研究が多くみられる。

注目したいのは、避難生活を送る人びとのなかに、故郷に戻らないことを考えている被災者が現れている点である（復興庁・福島県・大熊町 二〇一六：復興庁 二〇一七）。したがって、震災前に住んでいた地域に帰らないという考えを、いかなる理由で人びとがもつように至ったのかについて検討した研究もみられるようになった（今井 二〇一七）。放射性物質への懸念、子や孫への放射線の影響の不安、居住制限といった規制の存在など、震災前に住んでいた地域に帰らないと考えている背景には多くの理由がある。とくに、親世代にあたる人びとは、自らの子どもへの影響を懸念し、帰還することに対して躊躇し、移住を考えている（成・牛島・松谷 二〇一八）。また、たとえ故郷へ戻ることが不可能ではないと（いずれ戻れることが確約されているに）しても、その道筋がみえない、先行きが不透明な避難生活が長期間にわたれば、落ち着いた生活を取り戻すために、他地域での生活再建を決める人びともいる。自主避難者においても、八割が帰らないことを決めているとの結果が出ている（毎日新聞二〇一七年四月二四日）。

福島で起きた原発災害は、被災者にとってあまりに分からないことが多過ぎる災害であった。分からないことは、人びとに多大な不安感を抱かせるだけでなく、住み慣れた地域で築くはずであった将来の展望すらも失わせていく。齋藤純一は、こうした点を「場所剥奪」という言葉で説明している（齋藤 二〇一三）。言い換えれば、故郷を去ることは、不安感を可能な限り払拭させ、かつ生活における将来の展望をもつための選択といえる。人びとは、事故後の不条理を少しでも緩和し、暮らしを立て直していこうとしている。

二　故郷に残る人びと

しかしながら、一方で長期にわたる避難生活のなかでも、故郷に戻る意志を保ち、地域に戻り、当該地域で生活を立て直す人もいる（あるいは、事故当初から地域に残り生活を立て直す人もいる）。実際に、避難指示が出された南相馬市や浪江町では、人びとの帰還が進んでいる。原発から二〇km圏内に位置し、全町避難を余儀なくされた楢葉町でも、二〇一八年十月時点で居住率は五〇%となっている（河北新報二〇一八年十月一二日）。

本書が対象としている地域においても、ほとんどの人が生まれ育った、あるいは長く暮らしてきた故郷での生活再建を望み、避難先から集落に定期的に通っては、家を片づけたり農地の手入れを行っていたりしていた。農地の手入れについてみれば、冒頭で示したように時間帯や手入れの仕方を含め、事故前と変わらない行動を人びとはとっている。その部分だけ切り取ってみれば、何ひとつ変わらない日常があるとさえ思える。しかし、後に詳述するが、居住制限や生産制限など、事故の影響はたしかに存在している。本書が対象とした地域には、原発事故後このように非日常と日常が混ざり合っている。事故から五年以上が経過した二〇一六年七月一二日に、集落に設けられていた居住制限が解除されると、少しずつではあるが人びとの帰還が進んでいる。戻ってきた人は、かつてのように広大な農地での農作業は行っていない。それでも、屋敷地の小さな畑で野菜を作り自家消費するなど、事故前とまったく同じとはいえないが、徐々に自分たちが望む生活を実現しつつある。原発災害に遭いながらも、その渦中で人びとは自らの暮らしを必死に立て直し生活している。そもそも、原発災害と呼ばれるほどの、原子力関係の大事故に遭遇した人は、今回の事故を除いてはチョルノービリ近辺の人びとしかいない。つまり、今回の原発被災地には原発災害を経験した人間は皆無といってよいと本書では想定している。東日本大震災では、原発事故以外にも津波も生じたが、津波被災地では、その多くが津波常襲地であることから経験知が蓄積され、かつ津波によりほとんどのもの（家や仕事場など）が消失したため、震災の発生から早い段階で決意を新たに対応に動き出す住民の姿もみられた。いわば、津波常襲地と呼ばれる地域には、暮らしを立て直すための生活知（先人の教え・知恵・知識）および状況が存在しているといえよう。対して、原発被災地には、原発災害が被災者にとって未知なものであるがゆえに、少なくとも暮らしを立て直すための生活知の参照基準が存在しない。したがって、事故後に人びとは不安感を抱き、生活における将来の展望をもてなくなる。それでも、そうした状況下で暮らしを立て直し生活している人びとがいる。

本書の目的は、原発被災地域でのフィールドワークから、不条理が強いられているにもかかわらず、なぜ人びとが原発被災地で暮らし続けることができるのかを明らかにすることにある。本論では、「被災地に残る人びと」にみられる「災害前の日常」、具体的には「農地との関わり」を研究対象とし検討していく。

三　本書の構成

一章では、大きく分けて二つの作業を行う。まず、原発事故後の被災者の生活に焦点を当てた研究を概観し、事故が被災者から剥奪したものが何であるかを明らかにする。事故後、避難者の生活に焦点を当てた調査・研究をみると、そこにはある共通点が存在した。事故により、人びとは一体何を奪われたのか。さらに、なぜ奪われたのか、その過程を同様に事故後の研究をもとに明らかにしていく。次に、原発災害という未知の大災害のなかで、生活を立て直す手法を模索する上で、なぜ本論が「被災地に残る人びと」の「災害前の日常」、具体的には「農地との関わり」を対象としたのかを説明する。

二章では、原発災害が人びとからどういった災害としてみられていたかを明らかにする。まず、本書が対象とする集落の概要を説明し、その上で原発事故の影響を説明する。次に、人びとへの聞き取りで得た情報をもとに、原発事故が起きた日から人びとが集落へ帰還するまでの過程を記述する。これにより原発被災者という当事者の立場から、原発災害がどのような災害としてみられていたのかを明らかにしていく。以上の過程を通して、原発被災地の復興が、国から利用されやすい理由を提示する。最後に、本書が対象とする人びとにみられる農地の手入れが、国から利用されたものには収まりきらない行為であることを説明する。

三章では、原発事故後も人びとが農地への働きかけを継続する理由を明らかにする。なぜ、人びとは事故の影響により、生産活動をやめたにもかかわらず、その後も農地への手入れを怠ることなく続けるのか。言い換えれば、生産活動をしないと決めた農地を荒地としないように働きかけ続ける理由を検討する。元農家は、事故当初から農地の手入れを行っていたが、当初は「また作れる」と考えていた。しかし、時間の経過とともに「また作れる」という考えは薄れ、農業をやめる決断を下した。それでも農地の手入れは途切れることなく続いている。こうした作らない農地に対する手入れには、一体どのような意味があるのか。本章では、従来の研究でみられた「先祖の土地だから」といった家産を〝つなぐ〟意識からではなく、地域社会でともに暮らす人びとの〝視線〟から理由を明らかにしていく。

四章では、人びとが行う農地の手入れがけっして適当なものではなく、ある規則性をもって行われている点に注目し、その理由について検討していく。元農家は、単に農地の手入れを行っているわけではない。事故後も農繁期にのみ手入れを行っていた。さらにいえば、農繁期のなかでも春・夏・秋では微妙に手入れの仕方が異なっている。また、反対に農閑期である冬にはまったく手入れをすることはない。こうした規則性を伴った手入れには、一体どのような意味があるのか。本章では、かつて集落で起きた産廃問題に焦点を当て、人びとが規則性をもって農地に働きかける行為が、当該地域社会においてどのような意味をもった行為なのか、すなわち人びとの行為にある社会学的意味について明らかにしていく。

五章では、人びとが事故後に再び農地に対して主体性をもちはじめている点に注目し、その理由

嗜好品から見える社会

大坪玲子・谷憲一 編

現地で嗜好品を見て、体験し、語り合った集大成としての論集。生産・流通・消費における国家や政治との関係も考察し、その社会を見る。▼A5判並製・四二六頁・四五〇〇円

「私らしさ」の民族誌
現代エジプトの女性、格差、欲望

鳥山純子 著

グローバル都市カイロにおける三人の教員の生き様を描くことで、「他者」に共感しながら「私」を見つける、人の民族誌。▼四六判上製・四三二頁・三二〇〇円

アウシュヴィッツへの道
ホロコーストはなぜ、いつから、どこで、どのように

永岑三千輝 著

第三帝国のユダヤ人迫害から大量殺戮に至る過程を、最近の総合的史料集に依拠して再検証する。ホロコースト研究における重要書。▼四六判並製・三〇八頁・二五〇〇円

21世紀型スキルとしての情報社会学
VUCAワールドを生きる人たちのために

天野徹 著

テクノロジーの発達と普及が社会に及ぼした影響を考察し、Society 5.0 の時代をサバイブするための資質や能力を提示する。▼A5判上製・三九二頁・二八〇〇円

日系インドネシア人のエスノグラフィ
紡がれる日系人意識

伊藤雅俊 著

太平洋戦争後もインドネシアに残留した日本兵とその子孫が、どのように日本を想い、生活してきたのか。三世代への調査から描く。▼A5判上製・三一六頁・四二〇〇円

分かちあう経験・守りあう尊厳
ラスキン・カレッジの一九七〇年代における労働者教育

冨永貴公 著

英国の労働者教育機関ラスキン・カレッジにおける歴史学習と対話を通した、労働者自身の手による尊厳獲得の過程を読み解く。▼A5判上製・三〇〇頁・四五〇〇円

女子サッカー選手のエスノグラフィー
不安定な競技実践形態を生きる

申恩真 著

自身も競技経験をもつ著者が、女子サッカーチーム内部でのフィールドワークを通して、選手たちのリアリティを描き出す。▼A5判上製・二四八頁・四〇〇〇円

聖ヤコブ崇敬とサンティアゴ巡礼
中世スペインから植民地期メキシコへの歴史的つながりを求めて

田辺加恵・大原志麻・井上幸孝 著

聖ヤコブ崇敬はいかに生成され、いかに各地へと伝わったのか。イベリア半島からラテンアメリカへ、時代や地域を超えた流れを示す。▼四六判並製・三六〇頁・四〇〇〇円

地域発見と地理認識
観光旅行とポタリングの楽しみ方

西脇保幸 著

国内外ツアーや街歩きを、位置・分布などの「地理的視点」を持つことで生涯学習として楽しむための指南書。旅のスナップ８６１点掲載。▼Ａ５判並製・五一八頁・三一〇〇円

石敢當の比較研究
中国・沖縄・鹿児島・奄美

蒋明超 著

沖縄・鹿児島を中心に日本各地に分布する魔除けの石、石敢當。資料・実物調査をもとに、中国からの伝播の経緯や現在の状況を探究する。▼Ａ５判上製・三三〇頁・四二〇〇円

フォビアがいっぱい
多文化共生社会を生きるために

高山陽子 編

特定の人々に対する嫌悪を指すフォビア。国籍やジェンダーなどに関わるフォビアとどう向き合い克服できるのかを考える。▼Ａ５判並製・二二八頁・二七〇〇円

「よりどころ」の形成史
アルゼンチンの沖縄移民社会と在亜沖縄県人連合会の設立

月野楓子 著

戦後に県人連合会が結成された意義に目を配りながら、アルゼンチン沖縄移民社会での移民初期からの生活や社会団体形成の諸相を描く。▼Ａ５判上製・三五六頁・四三〇〇円

春風社

〒220-0044　横浜市西区紅葉ヶ丘 53　横浜市教育会館 3F
TEL (045)261-3168 ／ FAX (045)261-3169
E-MAIL：info@shumpu.com　Web：http://shumpu.com

この目録は 2023年2月作成のものです。これ以降、変更の場合がありますのでご諒承ください（価格は税別です）。

について検討していく。事故の影響により、人びとは農業をやめたが、それは主体性と呼ぶには程遠いものだった。人びとは農業を「できない」と口にしていた。しかし、調査を進めていくなかで、人びとは農業を「しない」と話すようになった。できないには自分の意志や判断が入る余地がないが、しないには自らの意志や判断が介入している。なぜ、こうした変化が生じたのか。本章では、行動している人ではなく、彼ら彼女らによって手入れをされている農地の状態に注目し、元農家の行動の本質を探っていく。

終章では、一章から五章までの議論を踏まえて、原発事故により不条理が強いられる生活のなかでも、人びとが当該地域で暮らし続けられる理由について検討する。人びとが原発被災地で暮らし続けることができる理由を、一言でいえば原発災害後の継続的な影響を打ち消す力が、結果として農地への働きかけという行為にあるからだと考えられる。この点について詳細に分析した上で、本書の目的にあたる原発被災地で暮らし続ける論理を導出する。この答えは、原発事故という未曾有にして〝未知〟の大災害のなかで、人びとが暮らし直すためのひとつの対処となる。

補遺では、三つの作業を行う。まず、本論で取り上げられなかった集落住民二名の原発事故後の避難から帰還までの過程を記述する。本論は、基本的に集落の論理を探っているため、こうした個別の家々の動きを記述することによって、本論に説得性を付与するとともに本論では提示できなかった人びとの活動の他の意義を示す。次に、本論が終章で提示した原発被災地で暮らし続ける論理について比較検討を行う。具体的には、本論における論理が他の原発被災地域にどれくらい当てはまるのか、当てはまらない場合はなぜなのかを考察していく。以上の作業を経て、最後に本研究における今後の課題と展望を示す。

第一章

先行研究と本論の方法

なぜ原発被災地で暮らす人びとを対象とするのか

写真② 帰還困難区域を示すバリケード（2019年8月 筆者撮影）

上の写真は、原発から二〇km圏（旧警戒区域）内を車で走っていた際に、車を停めて撮影したものである。筆者の調査地域にも事故後バリケードが設置されていたが、居住制限の解除により取り外された。しかし、原発被災地にはいまだこうしたバリケードが至る所に置かれている。バリケードの先には車さえも入ることができない。当然、バリケードの先に人の暮らしは存在しない。では、規制がなくなり、人が入れるようになれば、あるいは住むことができるようになれば、それはすなわち人びとにとってかつての暮らしを取り戻したことになるのだろうか。

本書は被災者がいかにして原発被災地で生活を立て直しているのかについて考察した研究である。言い換えれば、原発災害により剥奪されたものを、いかにして人びとが取り戻しているのかについて分析した研究ということである。したがって、本章ではまず、原発事故後の被災者の生活について扱った研究を概観し、原発災害が人びとから奪ったものが何かを詳細に明らかにしていく。本書によれば、原発災害により被災者が奪われたものは、「予見」という点にまとめられる。次に、本論が「被災地に残る人びと」の「災害前の日常」、具体的には「農地との関わり」を、なぜ対象としたのか、その理由について説明していく。

一　原発事故後の暮らしに目を向けて

一－一　被災者が奪われた予見

原発事故後、人びとの生活がどのように扱われてきたのかについて確認する上で、本書では事故により避難を余儀なくされた人びとに焦点を当てた研究を主に取り上げる。なぜなら、事故の影響を多大に受けた被災者とは、事故が起きた原発の周辺地域で生活していた人びとであり、それゆえ彼ら彼女らの多くは短期間でも避難を経験しているからである。

原発事故によって避難者は「地域での元の生活を根底からまるごと奪われた」（淡路［二〇一五］二〇一六：21）、「『人生』を奪われた」（松薗二〇一六：33）といわれている。それは「『ふるさとの喪失／剥奪』被害」（除本二〇一九：38）と表現されることもある。重要なのは、それが具体的にはどのような事態を指しているのかという点にある。この点について、以下避難した人びとに焦点を当てた研究から考えていこう。

事故の発生から一年半後に、茨城県に避難している人びとに対して行ったアンケート調査の結果から、原口弥生は「いまだ多くの方が先行きも見えず、不安な毎日を送っていらっしゃることが…（中略）…浮き彫りとなった」（原口二〇一三：79）と指摘している。また、川瀬隆千も宮崎県で避難生活を送る人びとを対象に行ったアンケート調査から、「東日本大震災と原発事故は将来展望を描けない多くの人たちを生み出してしまった」（川瀬二〇一四：16）と同様の指摘をしている。さらに、アンケート調査だけでなく、被災者に対して実施した聞き取り調査からも類似したことが指摘されている。佐藤彰彦は福島県富岡町から避難している人びとに対して行った聞き取り調査から、「避難者は、事故によってすべてを奪われ、生活設計が狂ってしまった。しかし、放射能汚染という問題も起因して、もとの生活を取り戻すことも現在の暮らしを改善することも難しく、現状に戸惑いながらこの先の生活に不安を感じている」（佐藤二〇一六：83）と述べている。

上記の研究を踏まえると、原発事故に遭い、避難を余儀なくされた被災者の生活には、ひとつの特徴があることが分かる。それは先行きの見えない不安な生活＝将来の展望をもつことができない生活を送っているということである。松薗祐子も避難者が先行きの見えない状況と対峙してきたと述べている（松薗二〇一六）。原発事故後の人びとをとりまいている先行きが不透明で、生活の定点が見出せない状況については、「時間が止まっている」（山下二〇一七：70）と表現されることもある。この表現は、社会学者の山下祐介が原発被災者への聞き取りで得た語りである。彼は、この語りについて「かけがえのない時間が、原発事故のために取り返しのつかない形で無意味に…（中略）…流れていく」（山下二〇一七：71）ため、被災者は時間が止まっているように感じていると分析している。また、齋藤純一は原発事故後被災地には場所剥奪と呼ぶような事態が生じていると指摘する（齋藤二〇一三）。齋藤によれば、場所剥奪とは原発事故により場所に蓄積されていた資本が奪われる、あるいは放射能の影響により生活の安定が脅かされ当該地域に住み続けていく展望が失われる事態を指す（齋藤二〇一三）。

避難者の生活に焦点を当てた上記の研究から、次のことが指摘できる。それは原発災害によって、被災者は「時間的予見」が剥奪されているということである。本書では、社会学者の石岡丈昇に倣い（石岡二〇一二）、時間的予見を、今後の暮らしをどう構想していくかという視点と定義する。事故により生じた、被災者の先行きの見えない不安な生活とは、被災者から時間的予見が奪われたことを意味している。では、なぜ時間的予見の剥奪が生じることになったのか、その理由を次項で考えていく。

一―二　予見が剥奪された理由

松薗によれば、人びとが避難する前に生活していた地域（本書では故郷と表現している）、「避難元地域にあった『くらし』はその空間と時間の中で積み重ねられてきた歴史や社会関係の総体としてのコミュニティにあった」（松薗二〇一六：33）という。関礼子も人びとの暮らしがあった「『ふるさと』は、人と自然とのかかわり、人と人とのつながり、そして時間の持続性にかかわるもの」（関二〇一九：49）と述べている。したがって、事故による避難は、①被災者の地域空間に対する考え方、②被災者の時間感覚、③被災者が避難元地域で取り結んでいた社会関係、これら三つの面に多大な影響をもたらす。

たとえば、黒田由彦は被災者の語りに基づき、「自然環境は、放射性物質によって汚染され…（中略）…手を触れることさえはばかられるよそよそしい存在に変貌してしまった」（黒田二〇一九：42）と指摘する（①被災者の地域空間に対する考え方）。黒田は続いて「原発事故は、過去から現在、現在から未来へと連続する時間の流れを現在で遮断した」（黒田二〇一九：43）といい（②被災者の時間感覚）、さらに「自分を取り巻く安定した社会関係が失われた…（中略）…近隣との関係、あるいはもっと広くコミュニティの中での社会関係は、原発事故によって失われる」（黒田二〇一九：43）と述べている（③被災者が避難元地域で取り結んでいた社会関係）。さきにあげた、齋藤の場所剥奪という概念は、①被災者の地域空間に対する考え方の変化によって生じたもの、山下の時間が止まるとの表現は、②被災者の時間感覚の乱れにより生じたものと考えられる。

以上の①～③について、松井克浩の研究をもとにさらに詳しく検討していく（松井二〇一八）。松井は事故の発生から六～七年が経過した時点でも、避難生活を送る被災者の多くは、不安と迷いを抱えた不安定な生活を送っていると述べる。彼は、こうした状態を「宙づり」の感覚と表現する。松井によれば、宙づりを構成する次元は三つある。一つ目は、「空間の次元」である。空間の次元とは、避難先の地域で生活をしているものの、避難元での生活再建は考えられず、仮に戻ったとしても、元通りの生活空間を取り戻せるイメージが湧かないことを指している。二つ目は、「時間の次元」である。時間の次元とは、カレンダー通りに進行する時間と止まったままの時間との間で、折り合いを被災者がつけられないことを指す。三つ目は、「関係の次元」である。関係の次元とは、時間と空間を他者と共有する経験の喪失、固有の誰かとしてみられ聞かれる手応えの喪失を指す

（松井二〇一八）。

松井の指摘は、原発避難者を対象としているが、これは原発被災地に残った人びと、あるいは原発被災地に戻った人びとにも該当すると考えられる。一つ目の空間の次元については、生産制限や風評被害、放射性物質への懸念などから、たとえ地域に残ったり戻ったりしても、「元通りの生活空間を取り戻せるイメージ」を被災者がもつことは容易なことではない。

また、二つ目の時間の次元については、「当該地域で暮らす者としての時間感覚」をもてないこととして説明できる。事故後、原発の周辺地域には居住制限、また農作物や海産物などに対する規制が設けられた。被災者は避難元に住むことはおろか、そこで行っていた仕事もできなくなった。これは被災者の時間感覚に変化をもたらす。植田今日子は、新潟県中越地震で被災した楢木集落を事例に、そこでの暮らしについて、「楢木での暮らしは田畠の耕作…（中略）…といった働きかけを意味し、季節ごとの時間の流れに『受動的』に従う必要がある」（植田二〇一六：121）と述べている。だからこそ、地域を去ることについて、「時間体系に身を置いて、集落の季節にあわせて半ば受動的に働き続ける主体ではなくなることを意味した」（植田二〇一六：121）と述べる。このように農業を生業とする人びとの時間感覚について、哲学者である内山節は、「農の時間は円環の時間である。循環してくる時間とともに、村民の農の営みも展開する」（内山［二〇一一］二〇一四：59）と言及している。ここでは比較的説明しやすい農家を例としたが、すなわち故郷に住めない／そこで生産活動ができなくなることは、事故前と同じような形で当該地域に流れる円環的な時間に身を置くことができなくなることを指している。

三つ目の関係の次元については、避難元に戻ったとしても、近隣や周囲の人びとも避難していることから、住民同士の関わりが希薄なものになっているからである。これは関が唱える「生活(life)の復興」概念で、より詳細に説明できる。関によれば、「生活(life)の復興」とは、その目的をいかに生き延びるかではなくて、いかに生活者としての人間を復興するのか、という点においた復興を指す(関 二〇一三)。いわば、単に故郷に戻り暮らしを再開したとしても、それは生活者としての人間を復興しているとは必ずしもいえないのである。

上記の研究を、松井の考えに依拠しつつまとめると、原発事故およびその後の避難は、人びとを取り巻く三つの次元を瓦解させているといえる。すなわち、事故により避難を余儀なくされたことで、避難を続ける者/避難元地域に戻った者、両者ともに三つの次元(①「空間の次元＝元通りの生活空間を取り戻せるイメージ」/②「時間の次元＝当該地域で暮らす者としての時間感覚」/③「関係の次元＝固有の誰かとしてみられ聞かれる手応え」)が崩れ、その結果として時間的予見の剥奪が生じたと考えられる。

以上を踏まえ、本書では奪われた予見が、人びとによってどのようにして取り戻されているのかについて考えていく。具体的にいえば、予見の剥奪につながったとされる崩壊した三つの次元が、いかにして回復されているのかを検討する。したがって、本書は以下予見論として展開していくことになる。

一―三　原発災害における復興論

原発事故は被災者から予見を剥奪した。こうした事態に対して、研究者はどのような復興論を考えているのだろうか。「生活（life）の復興」について説いた関は、楢葉町を事例に避難者が「生活（life）」を取り戻すために求めているものとして、町に帰る／帰らない、どちらを選択しても不利益が生じない選択の自由をあげる。そして、現在の復興施策で足りない部分として、「生活（life）の復興」のための速やかな賠償や自らの選択で、自らの生活を取り戻すための条件整備を指摘する（関二〇一三）。その後、関はさらに考察を深め、「集中復興期間に復興を進めようという帰還のための帰還政策から、住民一人ひとりの『生活の時間』にあわせた長期的な帰還政策へと反転させる」（関二〇一五：138）ことの重要性を説いている。生活の時間とは、被災者が生活を取り戻し見通しのきく人生を生き始めるための時間とされている（関二〇一八）。

では、住民個々人の生活の時間にあわせるとは、どのようなことなのだろうか。ここでは佐治靖が取り上げた養蜂の事例を用いて説明する（佐治二〇一五）。佐治は、福島県広野町で生活再建を待つことなく再始動した養蜂家に目を向け、次の指摘をしている。経済的価値という観点からみれば高いとはいえない養蜂を、人びとが再開したのは、彼らがそこに生きがいを見出し、生きることとの意義と楽しみを生み出しているからである。したがって、養蜂は人が当該地域で生きるという手掛かりになっているという（佐治二〇一五）。関は、佐治が扱った事例について、「『生活の質（quality of life: QOL）』に着目するならば、養蜂は生活の復興のための手がかりであ」（関二〇一五：7）ると述べている。

以上をみると、先が見えない不透明な生活＝非日常の生活に着目しつつ、研究者が原発被災者の復興についてアプローチしていることが分かる。チョルノービリ原発事故と同等とされる最悪水準の原発災害が、日本ではこれまで経験がないこと、さらに関が指摘するように避難元に帰る決断／帰らない決断、どちらの決断も不安に向き合いながらの選択であり、不確実な未来が残ることを踏まえると（関二〇二三）、原発災害とは他の災害とは異なるもの、つまり特異な災害であるといえる。それゆえ、研究者が事故後の被災者の非日常の生活をもとに、原発災害の復興について考えるのは至極当然のことである。

けれども、原発被災者の復興を考える上で、つまりさきにあげた崩壊した三つの次元の回復を考える上では、非日常からのアプローチとともに、「日常」からのアプローチも重要になると、本書では想定している。では、なぜそのように想定するのか。次節では、その理由について説明する。

二　災害後にみられる「日常」

二―一　「日常」からの接近

はじめに、本書で用いる「日常」について定義する。本書では、「日常」を「災害前において、人びとから当たり前のこととして認識され、人びとの生活に組み込まれていたもの」としておく。したがって、「災害前の日常」と表記している。では、「災害前の日常」からのアプローチの重要性について、震災後の祭礼や民俗芸能に関する研究から説明していきたい。

植田は、新潟県中越地震の被災集落を事例に、非常事態下でも例年通りに祭礼が遂行される理由について検討した（植田二〇一六）。彼女によれば、祭礼を行うことは「直線的な時間」のなかにいる被災者にとって、回帰的な時間を作り出すルーティンになっていたという。「直線的な時間」とは、川島秀一（川島二〇一二）にならって、植田が表現した概念であり、過去から未来に向かって、直線的に流れていく予測のつかない時間を指している。「直線的な時間」とは、被災した人びとの時間世界といえよう。

重要なのは、植田によれば、災害後の非常事態から抜け出すには、この「直線的な時間」をいかに「回帰的な時間」に変えていけるかが大切になるという点である。「回帰的な時間」とは、過去から未来に向かって、らせん状に流れていく予測がつく時間を指している。すなわち、祭礼自体はたしかにハレのルーティンであるが、その催行のために付随的に紡ぎ出されていく活動は、日常に発生するケのルーティンとなる。それゆえ、催行された祭礼は「回帰的な時間」を作り出すための力をもたらすと、植田は説明している（植田二〇一六）。

また、東日本大震災後に宮城県南三陸町波伝谷で神社の春祈祷が行われたことについて、政岡伸洋は「地域社会がバラバラになっていく状況に対して、震災前に人びとをつなげる機会として機能していた春祈祷を活用し、これに対応しようとした」（政岡二〇一六：204）と説明している。これらの研究に対して、佐久間政広は「非日常が日常と化す被災者の生活において、震災前の生活に埋め込まれていた祭礼や民俗芸能を再開することにより、震災前の日常を呼び起こして震災前と震災後を架橋し」（相澤・佐久間二〇一七：46）ていると説明する。滝澤克彦も「祭礼が早期に再開されることは、単に祭礼そのものの持続性だけではなく、祭礼を通して村落内の社会組織や社会関係が再生産される意味においても村落のレジリアンスと深く関連している」（滝澤二〇一三：126）と述べている[1]。

本項では、被災地域の祭礼や民俗芸能に焦点を当てた研究を取り上げたが、本書にとって注目したい点は次の点にある。すなわち、本項で取り上げた研究は、災害後の地域にみられる「日常」に目を向け、その分析がなされている点である。なぜ、災害後の地域社会に「日常」が存在しているのかを検討することで、被災者および被災地域の回復について論じている。以上の知見を踏まえると、被災地の非日常だけでなく、「日常」からも検討することの重要性が分かる。くわえて、ここで取り上げた災害研究における知見は、原発災害からの復興を考える上でも援用することが可能だと考えられる。なぜなら、さきの植田の考えに依拠すれば、原発被災者が送る宙づりの生活を直線的な時間、原発災害からの復興を成し遂げる上で重要とされる生活の時間を回帰的な時間と想定することができるからである。

以上を踏まえ、本書は原発被災地域にみられる非日常ではなく、「日常」に焦点を当て、原発被災地で暮らし続けるための論理を明らかにする。

二―二 「日常」を支える力

前項で定義したとはいえ、依然「日常」といわれても、それは非常に漠然としたものであり、曖昧なもののように思える。けれども、実際には日常というものを構築し保っているものがある。本項では、いわゆる日常を支える力について記述することを通して、本論が「災害前の日常」に着目した理由を、さらに詳しく説明していく。

日常とは、理由なく存在しているのではなく、繰り返しの力によって支えられていることを、和歌山県龍神村を事例に藤村美穂は次のように述べている（藤村 二〇〇九）。人びとの「暮らしの輪郭をつくり、支えているのは、繰り返しおこなわれる神楽」（藤村 二〇〇九：253）であり、「めぐってくる季節に合わせて繰り返しおこなわれる田畑や山での作業」（藤村 二〇〇九：253）であり、何よりそうした「繰り返しを当然のこととして受け入れる人びとの力」（藤村 二〇〇九：253）なのである。したがって、繰り返し行うことは、災害後という非日常のなかにおいて、重要な意味をなす。

さきにあげた植田の研究は、祭礼を継続することで災害後という非日常の世界のなかでも日常性を保ち、被災者および被災地域の回復につながっていくことが示されている。災害に見舞われても、「繰り返し行う」ことができれば、被災者の時間世界は回帰的なものに変化していく。いわば、災害後にみられる「災害前の日常」とは、直線的な時間が回帰的な時間へと変化した結果として表れているものだといえよう。本論が「災害前の日常」に着目した理由は、こうした「繰り返し行うこと」を支えている力にこそ、原発被災地で暮らし直すことを可能にしている論理があると考えたからである。

ここで押さえておきたい点がある。それは本書では当該地域で生活する人びとにとって、祭礼や農作業を行うことは不作為に近いことだと捉えている点である。本来、祭礼や農作業は作為的なこと、つまり繰り返し行おうとしている行為といえる。対して、本書で取り上げる「日常」とは、本来不作為、つまり何も意識することなくおこなう行為の集合といえる。したがって、作為的になされる繰り返しは日常の形成にはならないことになる。しかし、本書で取り上げるような、一見すると外部の人間からみれば作為的な繰り返しにみえる行為でも、本書ではそれを行う当事者にとっては不作為に近い行為だと想定する。すなわち、人びとは「繰り返し行おうとしている」のではなく、「繰り返し行うことを当然のこととして考えている」と想定する。

とはいえ、植田の議論にみるように、災害時のような非常事態下では、たとえ人びとが当然のことだと考えていても、祭礼や農作業を繰り返すことが大変困難な状況に陥ることも事実である。換言すれば、だからこそそのような状況下でも繰り返しが行われていれば、それは一見すると異様な光景となる。そのため、上記にあげた災害研究では「日常」が研究対象となっていた。本論も一見すると不可解にさえ思える「繰り返し行うこと」を支えている力を、つまびらかにするために「災害前の日常」に着目した。なお、事故の影響が長期間にわたったことで、事故後の非日常が日常化しつつあるといわれているが、本論ではあくまで事故直後から垣間見える「日常」に絞り検討する。次に、本書が故郷を去る人ではなく、なにゆえ残る人を対象としたのか、その理由について説明する。

二―三　被災地に残ることは非合理なことか

被災地に残る選択について、今まで研究者はどのように考えていたのだろうか。本項では、その代表として山口弥一郎の研究を取り上げる。なぜなら、彼は三陸沿岸を調査し続け、津波被災地に残ることを選択した人びとについても言及しているからである。

津波に遭いながらも、それでも海辺に残り暮らし続ける人びとについて、山口は「何故に折角移った村が原地に復帰するか、その経済的関係が主因であることは知られるが、果たしてそれのみであろうか」（山口［一九四三］二〇一一：15）と、経済的要因のみで説明することはできないと述べる。続けて、「元屋敷とか、氏神とか、海に対するなどの民俗学的問題でも含んでいる」（山口［一九四三］二〇一一：15－16）と言及している。ただし、最終的に山口は「できることなら高地移動をしてもらいたい」（山口［一九六二］二〇一一：241）と、被災地に残る選択に対して、否定的な立場をとっている。

山口の指摘は、より安心・安全な地域で生活を再建してほしいとする考えが込められたものであり、したがってこれは原発事故後に地域を去ることを決断した人びとを肯定する指摘といえる。では、被災地に残ることは、果たして非合理な選択なのだろうか。換言すれば、必ずしも非合理な選択とはいえないとする立場は、いかなる理由から成り立つのだろうか。ここでは、三つの理由から考えていく。以上の作業を通して、なぜ本書が被災地で暮らし続ける人びとを対象としたかを説明する。

まず一つ目は、そもそも災害大国である日本において、安全が保証されている場所などないのだから、住み慣れた地域で暮らす方が安全という理由である。たとえば、さきの山口の指摘の場合、彼は高台に移転することを勧めているが、そこでは土砂崩れや土石流といった新たな災害に遭う可能性も存在している。とするならば、災害の存在やその威力などを、すでに把握している現地で暮らし続けることは、必ずしも非合理とはいえないだろう。

このように災害の存在を排除することなく、人びとの生活のなかに組み込まれたものとして捉えたとき、二つ目の理由が浮かび上がってくる。それは生活環境主義の考えに依拠した理由である（古川 二〇〇四）。すなわち、生活者の立場に立ち、人びとが生活を営んでいく上で、彼ら彼女らにとって何が問題であり、何が最も避けたいことなのかを前提においたとき、被災地に残る選択は必ずしも非合理なものとはいえなくなる。

このように人びとの生活を踏まえて、災害への対処を考察する研究がある。それが三つ目の理由にあたるレジリエンス概念である。さきの山口の指摘に対して、植田は海辺へ戻る人びとの合理性を捉えるためにレジリエンス概念を取り上げている（植田 二〇一二）。レジリエンス概念の特徴は、災害に遭った人びとがみせる対応を、手放しに眺め、包括的に捉えようとする点にあるという。植田は、この点について災害人類学者であるオリヴァーとホフマンの議論に基づいて（Oliver-Smith and Hoffmann eds.［二〇〇二］二〇〇六）、「被災者の原地復興をまなざすとき、人びとの脆弱性のみが顕現するのではなくローカルに培われてきた抵抗力や回復力もまたそこに現れていることを仮定する」（植田二〇一二：64）からだと説明している。

以上を踏まえると、被災地に残る／戻る選択は、当事者の合理的な判断のもとになされることが分かる。それだけでなく、レジリエンス概念に依拠した場合、被災地に残る人に目を向けることは、被災した地域の回復力を捉えることにもなる。以上の理由から、本書は被災地を去る人ではなく残る人に焦点を当てることにした。

三　人と農地との関わりに着目する理由

三―一　景観と生活

最後に、本論が災害前の日常のなかで、「人と農地との関わり」を取り上げ、中心的に議論する理由を述べる。その理由は大きく三つある。そもそも、「人と農地との関わり」を取り上げた背景として、原発被災地の人びとの生活実態に迫る必要があると判断したことがあげられる。この点について、民俗学者の金子祥之が福島県川内村で行ったフィールドワークで得た知見が、理由を説明する上で分かりやすいため、以下具体的に紹介していこう。

金子は原発事故によるヤマの汚染が、生活に支障をもたらしているにもかかわらず、人びとが被害を喧伝しない点を、人びととの生活経験を分析することで明らかにしている（金子 二〇一五）。彼によると、その理由は二つある。ひとつは「被害の意図的潜在化」であり、これはヤマでのキノコ採集のあり方から説明している。ヤマのキノコ採集は、先取り原則をもとに駆け引きをしながら行われてきたため、人びとは自身の「なわばり」をもち、他者にみつからないように管理してきた。それゆえ、「食品汚染が明らかになっても、どの場所がどれほど汚染されているかということが、正確には表に出てこない要因となっている」（金子 二〇一五：118）。いまひとつは「食品汚染に対して、どのような態度をとるかは、個々の家庭や家族の間で大きく異なっている」（金子 二〇一五：118）という「問題の個人化」をあげている。このように被災地の人びとの現状を説明した上で、長期的な復興策を考えるにあたって、金子は次の点を指摘している。それは人びとの生活実態を踏まえた政策論の重要性である。

では、生活実態に迫る上で、なぜ本論は「人と農地との関わり」に着目したのか。その理由として、まず本書が対象とした集落でみられる農地の手入れが個人的な行動に留まらず、社会的な行動の面をもっていることがあげられる。一般的に、こうした農地との関わりは個人的な行動として捉えられる。たとえば、社会学者である望月美希は「生きがい」という文脈で、人びとと農地との関わりを考察している（望月二〇二〇）。たしかに、本集落でも「生きがい」に関する説明は確認される。しかしながら、注目したいのは集落の農家が皆農業をやめながらも、一方では皆農地の手入れを継続している点である。皆が行っている点において、農地の手入れには共通する理由、すなわち個人的な営み（生きがい）に留まることのない理屈＝社会的な理屈があるように思われる。そして、調査を通してこの社会的な理屈を考察することは、人びとの生活実態に迫るだけでなく、予見の回復を考える上でのヒントもあると考えられた。つまり、筆者の主観ではあるものの、現場では農地との関わりに剥奪された予見の回復を考えるヒントがあるように思われた。したがって、「生きがい」に関する議論は非常に重要であるが、本書ではそうではなく、①農地の手入れについて奪われた予見を人びとが取り戻す上での行為としてみていく。

次に、景観論に依拠した理由があげられる[2]。事故から七年半が経った二〇一八年十月時点において、対象地域の景観は事故前と比べて大きく変わっていないと住民は認識している。居住はおろか生産活動すらも制限されていたなかでも、地域の景観がほとんど変化していない背景として、無縁墓や空き家や耕作放棄地といった、村落空間の荒廃につながるとされる（金子ほか二〇一六）、要因がないことが最大の理由としてある。とくに、人びとが農地を手入れしていることが理由として考えられる。なぜなら、地域の大部分を田畑が占めているからである。こうした景観の変容がみられないことは、香月洋一郎によると、当該地域に住み続けようとする意志なしにはありえないという（香月二〇〇〇）。鳥越皓之も「景観は表面に出てきたものであって、その背後に地域の人びとの生活がある」（鳥越・家中・藤村二〇〇九：21）としている。つまり、②対象地域の景観を維持している最大の要因にあたる「人と農地の関わり」について議論することで、原発被災地における被災者の生活を捉えることができる。

さらに、人びとの認識と客観的な事実とのズレに着目することもあげられる。人びとは、地域の景観があまり変わっていないと考えているが、実際には生産活動の制限により人びとは農業をやめたため、農地に作物がないなど事故前と同じ様相にはない。変わっているにもかかわらず、変わっていないと人びとが口にするのはなぜか。換言すれば、③人びとは何が変わっていないと考えているのか、この点を追求することによって彼ら彼女らの生活により接近できると判断したことも、本論が「人と農地との関わり」を中心に議論していこうとした理由としてある。

三—二　生産は農地との関わりの前提なのか

上記にある三点の理由のほかに、原発被災地では、強制的に農地における生産が制限された点も関係している。なぜなら、生産制限により農業をやめる人びとが多くいたからである。どんなに農地に手を入れても、そこから作物を得ることができない、あるいは得られても放射能汚染があるために口にすることに対し抵抗感を覚えてしまう。農業をやめたこと、あるいは土地から得られる作物に対する懸念は、人間の農地との関わりを希薄化させていく。それは「農地の手入れを行う→農地から作物を得る」という当然の構図が崩れているからである。

人びとが農業をやめれば、彼ら彼女らの働きの場であった農地の荒廃が進むことは、一九七〇年代からすでに指摘されていた。たとえば、安達生恒は広島県にある三和町という農村を事例に、脱農化が農地の荒廃をもたらす点を指摘している（安達 一九七九）。もともと三和町は農業を主たる産業としていたが、近隣地域の工業が発展したことで、その地域に人びと、とくに若い人びとが移住していくことになった。これにより「部落の土地利用は当然のことながら後退する」（安達 一九七九：100）。その結果、「農地は荒れ、雑草がはびこり、虫害や猪害が出、…（中略）…耕作放棄される田が増えた」（安達 一九七九：102）という。その上で「農民と土地との関係とは、おおよそそのようなものなのだ」（安達 一九七九：102）と説明している。すなわち、工場勤務等、農外就労による収入があるため、農地が利用されなくなり、それにあわせて土地の手入れもされなくなることから、農地が荒廃していくのである。

こうした事情は私有地だけでなく、共同で利用されてきた土地にも該当する。たとえば入会林野の場合、現在人が山に入ること自体が激減し手入れが行き届いていない。そもそも「入会林野とは、一定の地域に住む人々が共同で利用し管理している林野（山林原野）」（井上 二〇〇一：7）と説明されるように、それは利用を前提とした土地であり、利用するために人びとは手入れを行っていた。実際、橋本文華も私市集落を事例とした研究のなかで、山林利用について触れ、そこでは森林の保全とともに薪用の柴が常に一定量得られるように管理している住民の姿を描いている（橋本 一九九八）。現代の農村生活は、ガスの普及などによって燃料として薪炭の必要がなくなり、林野を利用する機会が減少している。そして、それに比例するように林野を手入れする頻度も減少していく。

以上の指摘を踏まえると、原発事故によって農地での生産活動をやめることになった被災者は、農地と関わることが減少し、時間の経過とともに当該農地が荒廃していくことが考えられる。しかし、本書が対象とした人びとをはじめ、事故後も継続して農地との関わりを続ける人びとが被災地にはたしかに存在している。農業をやめたにもかかわらず、それでも農地と関わり続けることは、目的がないという点において手段ではなく単なる行為でしかない。にもかかわらず、元農家が農地と関わり続けるのはなぜなのだろうか。半永久的に農地から作物を得ることがないと了解していても、農地に手を加え続ける力はどこからくるのだろうか。

この問題を考察するにあたり、参考となるのが中村千草と藤村美穂の指摘になる。中村は、三重県の漁村を対象に現在の地域社会においては、積極的かつ持続的な働きかけの論理では、説明しきれない自然との関わりがあると指摘する（中川 二〇〇八）。藤村も山村を事例として同様の指摘をしている（藤村 二〇一五）。その上で、藤村は一見すると「動かないようにみえる人たちも、時代をみながら『待つ』という戦略的な対応をしている」（藤村 二〇一五：68）と考察している。では、「生産＝生活」の「＝」が「＝」でなくなったなかでも、なお消極的にでも自然との関係を保つのはなぜなのだろうか。以上の問題意識も、本論が「人と農地との関わり」に注目した理由である。

第二章

原発事故と地域社会

なぜ原発被災地の復興は利用されやすいのか

写真③　災害危険区域と警戒区域に指定された地域の様子
（2020年12月　筆者撮影）

上の写真は、原発から二〇km圏内の沿岸部で撮影したものである。大津波により甚大な被害を受け、地域は住宅再建が禁止される災害危険区域に指定された。くわえて、原発から二〇km圏内であるため警戒区域にも指定された。人の活動はほとんどみられず更地が広がっている。本事例地は、沿岸部から距離があるため津波の被害はなかったものの、集落のおおよそ半分が原発から二〇km圏内に属していることから、集落を分断するように集落の真ん中に立ち入り禁止を示すバリケードが設置された。

この点について、本章では詳しく説明するが、まず本書の対象地域である集落の概要（震災前の概況）を説明する。続いて、原発事故によって集落が受けた影響について記述する。その上で調査対象者への聞き取りをもとに、震災が起きた日から各人が集落へ帰還するまでの動きを詳細に記述していく。この過程を経て原発被災者という当事者の立場から、原発災害がどのような災害としてみられていたのかを考えていきたい。

一　対象地域について

一―一　森合を選んだ二つの理由

本書では、福島県南相馬市原町区大甕《おおみか》に位置する森合集落を対象にフィールドワークを実施した。はじめに、本書が森合集落（以下、集落）を対象とした理由を説明し、その上で当該集落の概要について説明する。

本書が集落を対象とした理由は大きく二つあげられる。ひとつは手入れに関する理由である。これについては、まず集落の周辺の地域でも農地は手入れされていたが、周辺の地域と比較してとくに集落の農地が綺麗にされており、手入れが細部まで行きわたっているようにみえたことがある。次に、集落の農家が全員農業をやめたにもかかわらず、皆可能な限り農地の手入れを行おうとしていることがある。すなわち、農地の手入れは個人の行動ではなく集落の行動であり、元農家に聞き取りをすることにより手入れに関して共通する理屈を見出せるように思えた。以上が手入れに関する理由である。

いまひとつは位置に関する理由である。事故の発生した福島第一原子力発電所との位置関係で集落をみると、原発から二〇㎞の境界線にまたがる形で集落は位置している（図1）。本章の二節で詳しく説明するが、事故後において二〇㎞の内側に住居があるのと外側に住居があるのとでは大き

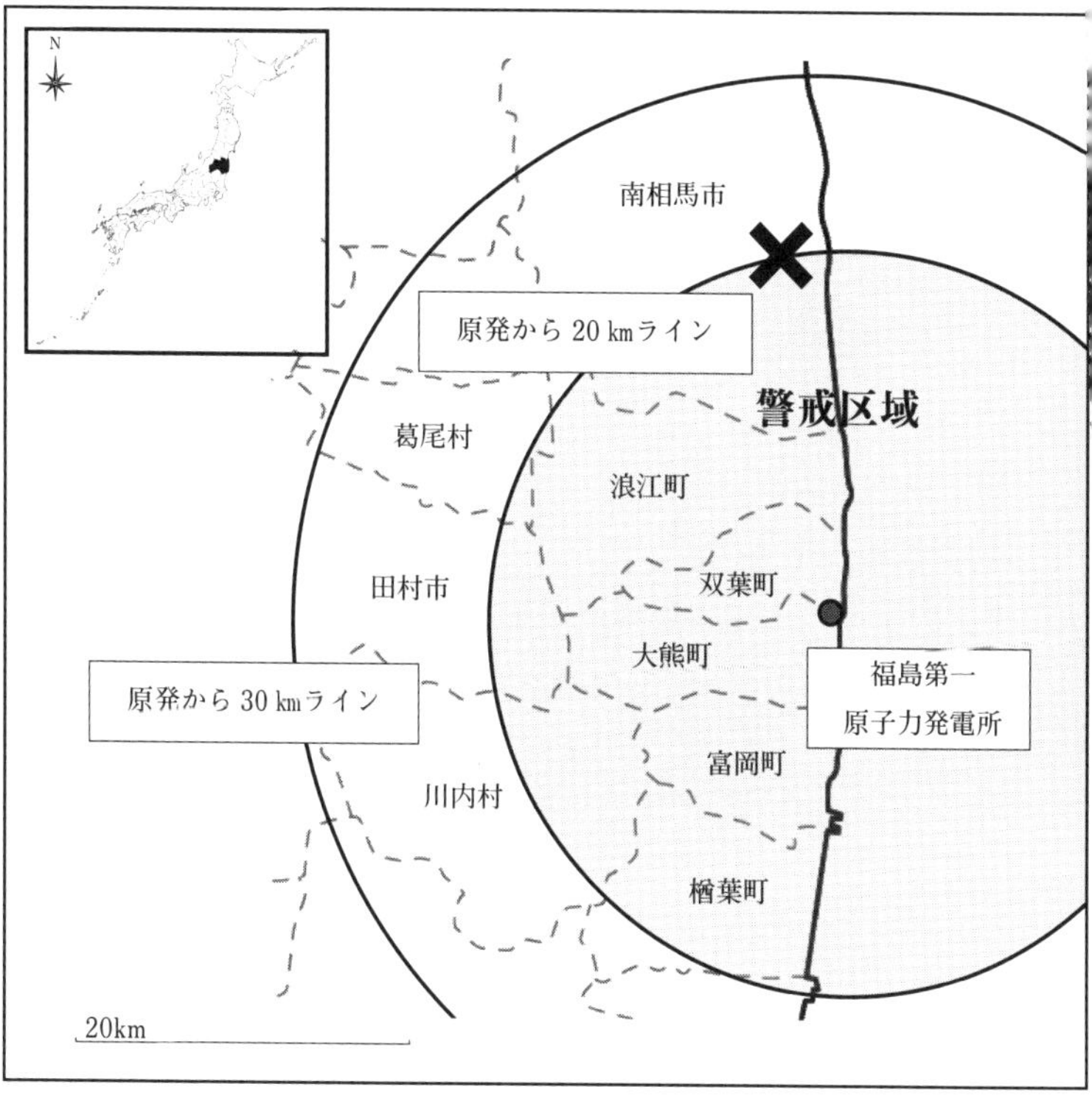

図1　調査地地図（広域）
×：原町区大甕森合
（出所）筆者作成

く状況が異なる。簡潔にいえば、二〇km圏内には居住制限が設けられたのである。つまり、居住ができる二〇km圏外と居住ができない二〇km圏内に集落は分断された。そして、この分断によって生じた、居住できる人と居住できない人の活動状況＝農地との関わり方の差や、両者の葛藤／苦悩などを描くことは、原発被災の問題を考える本書にとって重要だと判断したことが位置に関する理由である。以上が森合集落を対象とした理由である。次節では、集落の概況について説明していく。

一―二　森合とは

一―二―一　森合の成り立ち

本書が対象とした森合は、福島県南相馬市の南東に位置し原町区大甕に属する。『角川日本地名大辞典』によって概略を示すと、大甕は浜通りの北部、太田川下流北岸に位置している。さらに、江戸期から明治二二年までは大甕村という村名であった。明治二二年以降は大字名となり、まず行方郡大甕村、次に明治二九年から相馬郡大甕村、昭和二九年から原町市の大字となった（『角川日本地名大辞典』編纂委員会編　一九八一）。その後、原町市は平成一八年に鹿島町・小高町と合併し南相馬市原町区となった。そのため、現在は南相馬市原町区の大字となっている。大甕の歴史は古く、大甕の名称は遡ると中世までに確認できる。近世末期に編纂された『相馬市史4資料編1（奥相志）』にも大甕に関する記述がみられる。冒頭には「地勢平夷、田野、北に山ありて東西に連る。人民山

写真④　森合の風景（2022年7月30日　筆者撮影）

に縁りて家居す」（相馬市史編纂会 一九六九：835）とある。興味深いのは、村高に関する記述である。「元禄中査丈、位中ノ中、本田秩七百三石七斗六升八合六勺、新田十石八斗五升五合一勺。同十五壬午の年幕府に達する所の邑秩四百九十九石三斗一升二合、外に二百十五石三斗一升一合森合新田」（相馬市史編纂会 一九六九：835）とある。ここから本書が対象とした森合は、大甕に属しながらも独立した集落として扱われていたことが窺える。

森合の記述は他にもみられる。たとえば「森合東給人二戸、農家五戸、田圃、東は山、小池塘二あり、上ノ堤といふ」（相馬市史編纂会 一九六九：836）とある。この記述から二つのことが分かる。一点目は、給人とあることから武士階級の人びとが暮らしていたことである。また、「御家の旧民　当邑に御家百姓と称する者八家あり」（相馬市史編纂会 一九六九：843）、「又米俸を賜ひ佩刀を帯び袴短掛を着するることを許さる」（相馬市史編纂会 一九六九：843－844）という記載から農民ではあるが、武士と同等に扱われていた人

写真⑤　森合勝軍地蔵尊 御堂
（2022年7月30日　筆者撮影）

びとが暮らしていたことも分かる。他に「森合掃部左衛門なる者を以て長となす」（相馬市史編纂会 一九六九：843）とあるように集落の成立と関わるのかもしれない、集落の名称が武士の名前に由来していると考えられる記述も確認された。二点目は、農家や田圃という記載から主な生業として農業があったことが窺える。集落の農に関する記述は続き、「森合元禄中森合新田と称し新村なり、秩前に見ゆ、古民家五戸、田圃、西山、十二所（小名の地）」（相馬市史編纂会 一九六九：836）とある。この記述からは二つの推察ができる。ひとつは本集落が元禄年間に新田の開発によってつくられた集落であること、いまひとつはそれゆえ周辺の集落と比べて集落の成立が遅かったことである。集落の成立が遅かったことから何らかの悪地であったことも推測される。筆者の聞き取りによれば、田圃を行う上で堤の水不足が起きることは珍しくはなかったという情報がある。以上を踏まえると、森合が水不足の地であったことが推察される。

相馬市史には集落について農の他にも信仰対象に関する記載もある。「阿弥陀如来…（中略）…文化十二乙亥年堂焼失、十四丁丑年堂を森合山に再建して遷る。米々沢、上小浜、森合の者守仏となす」（相馬市史編纂会　一九六九：842）とある。また、これとは別に「地蔵菩薩堂七尺四寸に七尺二寸　森合にあり。森合居住の者守仏となせり」（相馬市史編纂会　一九六九：842）とある。地蔵菩提についてては今でも集落の御堂に置かれており、長い間集落住民の信仰の対象であることが考えられる。また、御堂には神楽の小道具も保管されている。神楽の道具についてては、もとは集落の集会所に保管されていた。しかし、震災により集会所が被害を受け取り壊すことが決まったため、住民が御堂に移動し保管している。この点についてもう少し言及すると、集落ではかつて神楽が行われていた。大甕には、二つの神楽がありオスとメスに分かれている。そのうちの片方が森合にあり、森合の青年団が新築の際や厄払いの際に催していた。聞き取り対象者の家でも新築の際に催されていた（新築前は茅葺屋根であった）。しかし、神楽は震災前から見なくなったと住民はいう。聞き取りによれば、昭和五六年頃までは行われていた。震災後も行われておらず、道具だけが御堂に置かれている。もう片方についてては、大甕にあり大甕の青年会で行われている。

大甕のなかでの森合の位置づけについてては興味深いが、本書の主題は農地への働きかけを追うことにある。そのため、ここからは事故前の概況について農業状況に焦点を当ててみていく。

一―二―二　事故前の森合

まず、二〇一〇年世界農林業センサスによると、大甕の総農家数は三五五戸となっており、うち専業農家二九戸、第一種兼業農家三八戸、第二種兼業農家二二五戸となっている。耕地面積は八四六ヘクタール、うち田圃は七一一ヘクタール、畑は一三二ヘクタールである。

次に、聞き取りによれば本書が取り上げる集落は、二四戸で構成されており、うち一三戸が農家であった。表1によると、農家一三戸のうち、田圃を五ヘクタール所有している農家は一戸、二ヘクタールは三戸となっている。一ヘクタール以下は八戸であった。本集落において田圃の所有は、けっして多いものではなかったことが表1から分かる。したがって、本集落では多くの農家が、コメについては自家消費の目的で栽培し、余剰した分を販売に回す形をとっていた。畑では、主にシュンギクおよびその他の野菜（ナス・ハクサイ・タマネギなど）を栽培していた。シュンギクは集落の特産品であり、北海道を中心に出荷していた。他の野菜については、自家消費の目的で栽培していた。聞き取りによれば、農家が所有している田畑の面積は、少なくとも半世紀以上前から変わってはいない。

なお、聞き取りによれば半世紀前の農家はコメと養蚕で生計を立てていた。集落では八～九戸ほどが養蚕を行っていた。他に野菜も栽培していたが自家消費であった。養蚕が主たる収入源であったため、少しでも土地があればそこに桑を植えて活用していた。カイコ様というほど稼げていたという。それゆえ、当時は集落に桑畑が多く存在していた。また主たる収入源であるため、養蚕は年間を通して行われていた。この点についてカイコは年に五〜六回おく（桑を食べさせる）ため、働き続けなければならなくなると元農家から説明された。とくに、田植えや収穫など田圃の時期と重なると忙しかったという。カイコは回転が早く何回も回せることから、人びとから重宝されていた。元農家の説明では、昭和六三年＝平成元年までカイコをしていたという情報もあり、少なくともその頃まで養蚕が集落で行われていた。その数年後に集落でシュンギクを扱う農家が現れはじめた。

一方で、ほとんどの家では農閑期に土木作業に出ていた。生計を立てるために出る人もいたが、なかには土地を多くもつ家からも人は出ていた。そのため、当時から集落の農家は兼業農家であった。土木作業には主に男性が出ており、女性は集落で農業に従事していた。女性も外で働くことはあったが、土地と接する時間が男性に比べて長かったという。当時は農の収入が他の収入を上回っていた。農だけでも十分生活することができたが、それでも土木作業に出ていたのは収入を家の増築、倉庫や蔵を建てる費用に充てていたためだという。そのため、基本的に生活は質素で食べるものすら質素であった。特産品であるシュンギクは減反政策を契機に始まっていた。

時間軸を事故前に戻すと、本集落では全農家が兼業農家であった[3]。表1によると、親世代の多くが農業を行っているのに対し、子世代は多くが会社員など非農業であることが分かる。ただし、兼業農家とはいっても、大半の農家が年間を通して農作業を行っていた。農繁期である四月〜十月にコメやその他の野菜を栽培し、本来農閑期とされる十一月〜三月にもシュンギクを植えたり刈り取ったりする作業を行っていた。各農家の農作業における主な働き手は、高齢の女性であり、若い

表1　原発事故前の集落概況（2011年2月時点）

世帯番号	農家 / 非農家	所有地	農業品目（事故前）	親世代		子世代		孫世代		その他の世帯員（就学）
				男	女	男	女	男	女	
[1]	農家	田：5ha 畑：20a	販売：稲・シュンギク 自家消費：その他の野菜		農業70代	会社員50代	農業50代	会社員30代	会社員20代	会社員20代
[2]	農家	田：2ha 畑：20a	販売：稲・シュンギク 自家消費：その他の野菜		無職80代	福祉施設50代	アパレル50代			
[3]	農家	田：2ha 畑：20a	販売：稲・シュンギク 自家消費：その他の野菜	農業70代	農業70代	会社員40代	会社員40代			（男2名）
[4]	農家	田：2ha 畑：20a	販売：稲・シュンギク 自家消費：その他の野菜	農業70代	農業70代	調理師50代				
[5]	農家	田：1.5ha 畑：50a	販売：稲・シュンギク 自家消費：その他の野菜		農業80代	農業60代	農業60代			（男1名）
[6]	農家	田：1ha 畑：30a	販売：稲・シュンギク 自家消費：その他の野菜	農業70代	農業60代	会社員40代	会社員40代			（女3名）
[7]	農家	田：1ha 畑：30a	販売：稲・シュンギク 自家消費：その他の野菜		農業70代	会社員50代	専業主婦50代			（男2名）
[8]	農家	田：1ha 畑：2a	販売：稲 自家消費：その他の野菜		無職80代	土木60代				
[9]	農家	田：50a 畑：30a	販売：稲 自家消費：その他の野菜			自営業60代	自営業60代			
[10]	農家	田：50a 畑：10a	販売：稲・シュンギク 自家消費：その他の野菜	農業70代	農業70代	大工50代	介護士50代	運転手20代	パート20代	（男2　女1）
[11]	農家	田：50a 畑：5a	販売：稲・シュンギク 自家消費：その他の野菜		農業70代	自営業50代	パート50代	警備員30代		
[12]	農家	田：30a 畑：1a	自家消費：稲・その他の野菜		無職90代	無職60代	無職60代			
[13]	農家	田：10a 畑：5a	販売：稲 自家消費：その他の野菜			無職50代		土木30代		
[14]	非農家	＼	＼	飲食店70代	飲食店70代	飲食店40代	飲食店40代	飲食20代		
[15]	非農家	＼	＼	無職70代	無職70代	会社員40代	専業主婦40代			（男1名　女1名）
[16]	非農家	＼	＼	土木70代	専業主婦60代					
[17]	非農家	＼	＼	庭師70代	専業主婦60代	会社員40代				（男1名　女1名）
[18]	非農家	＼	＼			会社員30代	パート30代			（男2名）
[19]	非農家	＼	＼			会社員40代	会社員40代			（男2名）
[20]	非農家	＼	＼		無職70代	会社員50代	パート50代	会社員20代 会社員20代		
[21]	非農家	＼	＼		無職70代	運転手50代				
[22]	非農家	＼	＼			無職50代	会社員50代			
[23]	非農家	＼	＼		無職80代					
[24]	非農家	＼	＼							

注：表は聞き取りによって作成

世代や高齢の男性が農業に参加するのは、畑を耕したりハウスにビニールをかけたり稲作における機械作業などに限られていた[4]。集落を農業の観点からみたとき、本集落は高齢女性を中心に、各家が年間を通して畑と関わる畑作中心の集落といえよう。

以上を踏まえ、次項では原発事故後の集落をとりまく動きを、図表を活用しつつ確認していく。

二　原発事故による分断

二―一　区域の設定

原発事故の発生からおおよそ一ヵ月が経過した二〇一一年四月二二日に、国は原発周辺地域に対し区域の設定を行った。原発から二〇km圏外の特定のエリアに「計画的避難区域」および「緊急時避難準備区域」を設けた。一方で、二〇km圏内については一律に「警戒区域」とした。まず計画的避難区域とは、一ヵ月を目途に別の場所への避難が推奨された区域を指す。次に緊急時避難準備区域とは、緊急時に屋内

写真⑥　原発から20km圏内を示すバリケード
（2015年2月3日　筆者撮影）

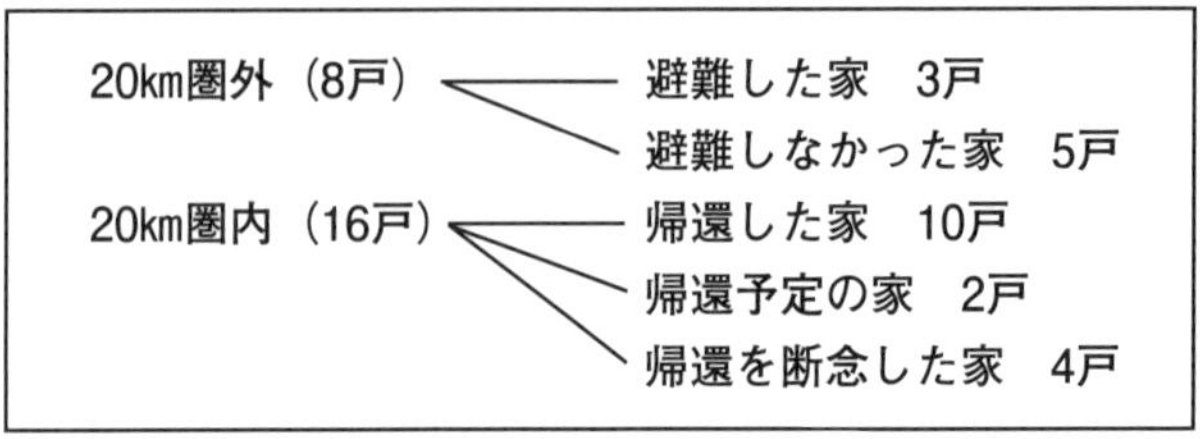

図2　集落の各家の避難／帰還状況（2018年8月時点）
注：聞き取りによって作成

退避ないし避難ができるように準備を求められている区域を指す。最後に警戒区域とは、立ち入りが原則禁止された区域を指している。つまり、警戒区域に設定されることは、たとえそこに住居を構えていたとしても二〇km圏内ということを理由に居住はおろか立ち入りすらもできなくなることを意味していたのである。

そして、南相馬市に属する本集落は、選定理由の箇所でも説明したが原発から二〇km圏の境界線をまたぐ形で位置するという、やや特殊な状況に置かれた（図1と図3）。境界線にまたがっているということは、境界線により集落が分断されることを指す。すなわち、図2にあるように二〇km圏内である警戒区域に住居を構えていた一六戸は、半ば強制的に他地域での避難生活を余儀なくされた。集落の残り八戸は、二〇km圏外に位置しており、本集落の場合さきほど説明した二〇km圏外の二区域のうち、緊急時避難準備区域に設定された。したがって、事故後も避難することなく居住し続けていた人（五戸）や避難したが一ヵ月後に集落に戻り居住を再開した人（二戸）がいた。緊急時避難準備区域は同年九月三〇日に解除され、当該区域に住居を構えていた人びとは、皆集落で居住を再開した

（二〇㎞圏外の残りの二戸）。

二―二　区域の変更

二〇一二年になると、残る二区域の名称が変化していく。二〇一二年三月三〇日に区域の見直しがなされ、別に新しい三つの区域「避難指示解除準備区域・居住制限区域・帰還困難区域」が設けられた。まず避難指示解除準備区域とは、帰還の準備が前提とされ、立ち入りについても認められる場合がある区域を指す。次に居住制限区域とは、依然避難が求められる区域であるが、人びとの一時帰宅などが認められる場合があった。最後に帰還困難区域とは、避難の継続が強く求められている区域とされ、人びとの帰還は難しい状況にあった。三つの区域のうち、本集落は避難指示解除準備区域に組み込まれた。

事故後の区域の設定から変遷ないし解除の過程は、やや複雑で分かりづらい。しかし、本書で注目したいのは、二〇一二年三月三〇日の区域の見直しにより、大きく変わったこととして二〇㎞圏内への立ち入りが可能となったことがあげられる。これは集落の人びとにとって大きな出来事であった。この点は三節で詳しく説明する。事故から五年が経過した二〇一六年七月一二日には、集落に設けられていた避難指示解除準備区域が解除され、避難していた人びとは慣れ親しんだ集落で再び居住ができるようになった。図2で示したように、避難を余儀なくされた一六戸のうち、一〇戸は帰還しており、二戸も帰還予定にある。残る四戸は帰還を断念した。表2にあるように、帰還

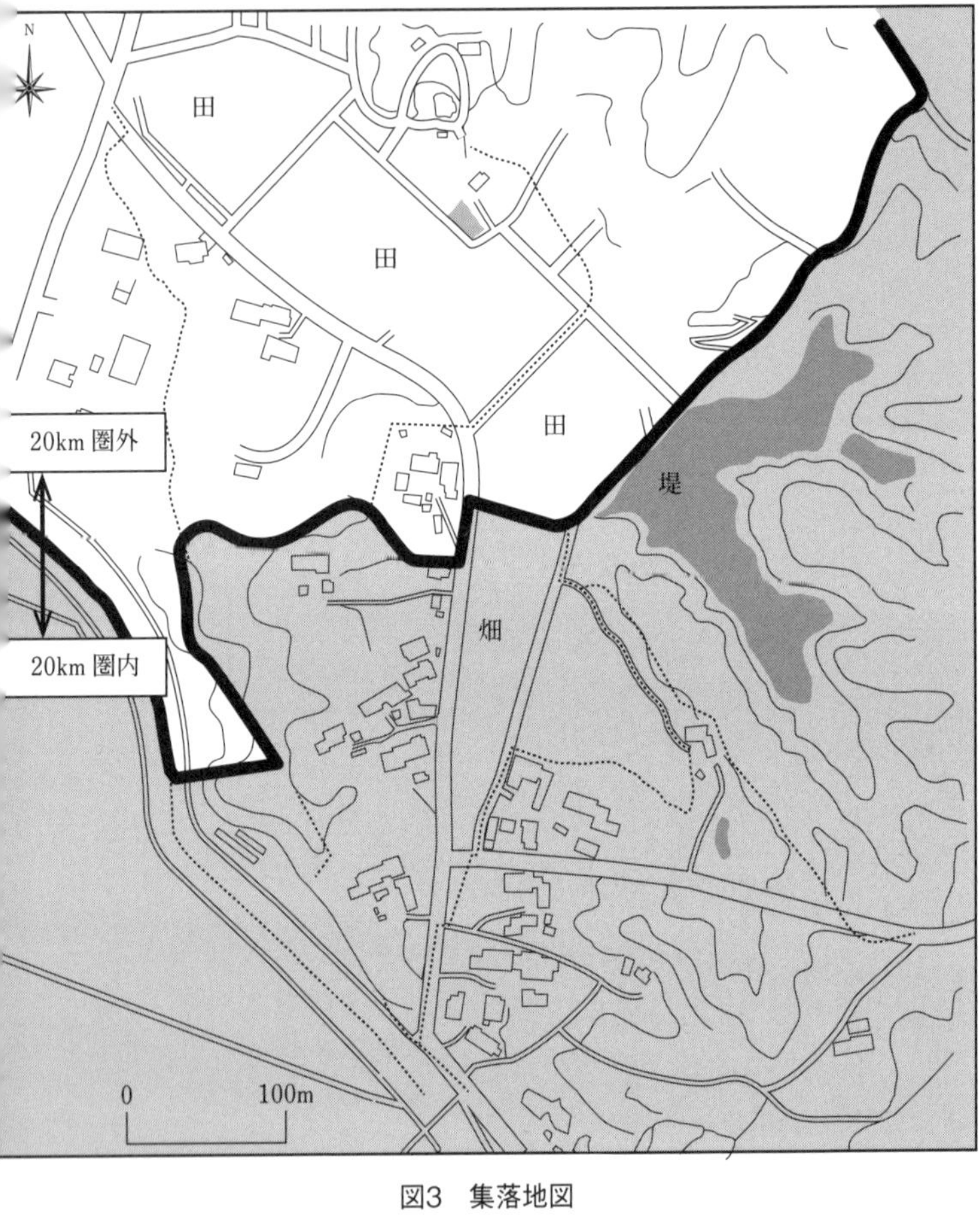

図3　集落地図

（出所）原子力災害対策本部事務局住民安全班作成資料より筆者作成

表2　原発事故後の集落概況（2018年8月時点）

世帯番号	20km圏内・外	帰還状況	農業再開状況	親世代		子世代		孫世代		その他の世帯員（就学）	農地の手入れの有無（有：○　無：×）	手入れを担う人	主な手入れの中身
				男	女	男	女	男	女				
[1]	内	帰還	断念		無職80代	無職60代	無職60代	会社員30代	会社員30代	会社員30代	○	60代男性	トラクターで農地を耕す
[2]	内	帰還	断念			福祉施設60代	無職60代				○	60代男性	トラクターで田の草を刈る
[3]	内	帰還	断念	無職80代	無職80代	会社員50代	会社員50代	講師20代		（男1名）	○	50代男性	畑に除草剤を散布（昨年までは機械による草刈り）
[4]	内	近日中	断念	無職80代	無職80代	調理師50代					○	外部への依頼	機械による草刈り
[5]	内	帰還	断念	無職70代	無職70代		専業主婦50代	大工20代			○	70代男性	除草剤の散布 機械による草刈り
[6]	外	＼	断念	無職70代	無職70代	会社員50代	会社員50代		会社員20代 会社員20代	（女1名）	○	70代女性	除草剤の散布 草取り・機械による草刈り
[7]	内	帰還	断念		無職80代	無職60代	専業主婦50代	会社員30代		（男1名）	○	80代女性	除草剤の散布 草取り・機械による草刈り
[8]	外	＼	断念	土木70代							○	70代男性	機械による草刈り
[9]	内	帰還	断念	無職70代	無職70代						○	70代男性	トラクターで農地を耕す
[10]	内	帰還	断念	無職80代	無職80代	大工60代	介護し60代	運転手30代	パート30代	（男2　女1）	○	60代男性	除草剤の散布（3年前までは機械による草刈り）
[11]	内	近日中	断念		無職80代	自営業60代	パート60代	警備員40代			○	60代男性	機械による草刈り
[12]	内	帰還	断念	無職70代	無職70代						○	70代男性	機械による草刈り
[13]	外	＼	断念			無職60代		土木40代			○	60代男性	機械とトラクターによる草刈り
[14]	外	＼	＼	飲食店80代	飲食店80代	飲食店50代	飲食店50代	飲食店30代	飲食店30代	（男2名）	＼	＼	＼
[15]	外	＼	＼			会社員50代	専業主婦50代	会社員20代	会社員20代		＼	＼	＼
[16]	外	＼	＼	大工70代	専業主婦70代						＼	＼	＼
[17]	外	＼	＼	無職70代	専業主婦70代	会社員40代		会社員20代	会社員20代		＼	＼	＼
[18]	外	＼	＼			会社員40代	パート40代	会社員20代		（男1名）	＼	＼	＼
[19]	内	帰還	＼			会社員40代	会社員40代			（男2名　女1名）	＼	＼	＼
[20]	内	帰還	＼			会社員60代	パート60代	会社員30代	20代	（男1名　女1名）	＼	＼	＼
[21]	内	帰還断念	＼	＼		＼		＼			＼	＼	＼
[22]	内	帰還断念	＼	＼		＼		＼			＼	＼	＼
[23]	内	帰還断念	＼	＼		＼		＼			＼	＼	＼
[24]	内	帰還断念	＼	＼		＼		＼			＼	＼	＼

注：表は聞き取りによって作成

した各戸の成員に大きな変化はみられていない。このことは帰還した各戸において、世帯分離が生じなかったことを意味する。それを可能にした背景のひとつに、原発事故以前から農外の安定した就労先が確保され、事故後もそれへの勤務が継続されたことがあげられる。

ここまで比較的マクロな視点から集落の事故後の動向をみてきた。次項ではミクロな視点から、つまり震災が起きた日から各人が集落へ帰還するまでの動向を記述していく。この過程を経て、原発被災者という当事者の立場から、原発災害がどのような災害としてみられていたのかを考えていきたい。本論では、集落全二四世帯のうち三世帯を事例として取り上げた。表1および表2で示しているように、世帯については世帯番号で取り上げる。本論が取り上げた事例は、世帯番号[1]、[6]、[7]である。以下[6]、[1]、[7]の順にみていく。なお、三世帯を選択した理由およびその順序についてては、本論の主要なテーマである「農地と人の関係」と深く関係していることから、五項にて詳細に説明する。

三　避難から帰還までの過程

[6]の事例

[6]の世帯員は表1に示すように、親世代のSさん夫婦（夫七〇代、妻Sさん六〇代）、夫婦として会

社に勤める四〇代の息子夫婦、その子三人の計七人であった。

[6]の世帯は、地震の発生から二日間（三月一三日の朝まで）は、二〇㎞圏外にある自宅で生活していた。一三日に原発事故のことを知ると、家族全員で避難することになる。当日は、南相馬市鹿島区にある工場に家族で泊まった。翌日も工場に泊まろうとしていたが、一四日の夜に、二度目の爆発のことを知り、慌てて避難することになった。避難先として山形県に向かった。山形にはSさんの息子が働いていた会社の系列店があったからである。山形県に入ると、保健所に連れていかれ、被ばく検査が行われたという。検査の結果、異常はなかったため、問題なく避難所に行くことができた。

しかし、当初予定していた会社の系列店は、人が多く混雑していたことから少年自然の家に泊まることになった。そこには寝具としてベッドがあり、また入浴施設もあった。食事も在職している調理師が作ってくれていた。このように生活するだけの環境が整っていたため、[6]の世帯は少年自然の家に四月二二日まで滞在した。そして、四月二三日に集落に戻った（表2に示すように全世帯員が戻ってきた）。戻ってきた際には、すでにバリケードが自宅前の道路に置かれていた。Sさんは、バリケードをはじめて見たときショックを受けた。それはバリケードの向こう側が別世界に感じたからであった。

[1]の事例

［1］の世帯員は表1に示すように、七〇代の女性Nさん、Nさんの息子夫婦（夫婦とも五〇代）、Nさんの孫夫婦（夫三〇代、妻二〇代）、Nさんの孫（二〇代）の計六人であった。

［1］の世帯は、地震が発生した当日は自宅で一夜を過ごした。翌日の午前に、Nさんの息子が近隣の人から「逃げないのか」といわれ、正しい情報はなかったものの不安があったため、午後に家族全員で避難をはじめた。まず近隣の地区に向かったが、その際二度自宅に戻った。一度目は、放射線の飛散が誤報であるという情報が入ったためである。二度目は、栽培していたシュンギクは凍ると売り物にならないので、ハウスを閉めるために自宅に帰った。そして、二一時に川俣町の道の駅に着いて、その日は道の駅で車中泊をした。

翌日の午後になると、福島市飯坂にある高校へ向かい、そこで一七日まで生活した。高校には食料があり、また高校周辺には温泉もあったため、入浴することもできた。くわえて、テレビもあったため、はじめて正確な情報を得ることができた。Nさんの息子は、当時集落に戻れないとは思っておらず戻りたいとだけ考えていた。その後、高校は暖房設備が不足しており、寒さを凌ぐために移動することを決める。一八日になると、猪苗代湖にある旅館に向かい、そこに四月七日まで滞在した。旅館では、新聞やテレビなどで正確な情報がより多く入ってきた。そこではじめて福島のおかれている深刻な状況を正確に理解したという。その後、県からこれ以上旅館を避難所にできないといわれ、その日に飯坂温泉に向かうことになった。飯坂温泉では八月まで暮らした。その後、南相馬市鹿島区の仮設で生活をはじめ、二〇一六年に居住制限が解除され帰還するまで、当該仮設で生活していた。筆者が調査した二〇一五年二月時点では居住制限は解除されていないものの、立ち入りについては問題なかった。それゆえ、Nさんの息子夫婦は昼の時間帯は自宅で滞在し、夕方になると仮設に戻る生活をしていた。

[7]の事例

表1に示すように、[7]の世帯員は、七〇代の女性Gさん、五〇代の息子夫婦、Gさんの孫二名の計五人であった。

[7]の世帯も、地震発生当日は自宅に家族全員で過ごした。翌一二日に、原発事故のことを知り避難することになった。はじめは南相馬市鹿島区の病院に泊まり、その後も鹿島の避難所に一週間滞在した。次に、親戚がいる栃木に向かい、そこで二ヵ月ほど滞在した。その後、事情により家族は離散することになった。Gさんは、南相馬市に戻り、市のアパートで二日滞在した後、知り合いの家に向かった。そこで半月ほど暮らし、その間に不動産屋を回り借り上げ住宅をみつけた。そして、二〇一一年十月から借り上げ住宅で生活をはじめた。帰還するまでの間、当該借り上げ住宅で生活していた。彼女の息子を含めた子世代以降については、鹿島区にある仮設住宅に入居し帰還するまで生活していた。

四　原発災害とはどのような災害か

四―一　直接的な実害

本論で取り上げた三世帯は、いずれも集落への帰還を果たしている。全世帯でみても帰還予定も含めると、大半の世帯が集落に戻ってくることになる。帰還に関しては、ほとんど迷いがなかったと集落の人びとは答えてくれた。また、筆者による聞き取りによれば、帰還する世帯の人びとは、避難している期間も立ち入りが可能になって以降は自らの意思で何度も集落に通っていた。

以上をみると、人びとが故郷に通うことと／そこで生活を再建することにためらいがなく、むしろ強く望んでいるようにさえ思える。「避難指示が解除され、住民の帰還が始まっている」（和気・相澤・望月二〇一九：41）という言葉がみられるように、本事例地に限らず、被災者のなかには故郷に戻りたいと考えている人はたしかに存在している。けれども、なぜ人びとは当該地域へ通うこと、当該地域で生活再建することに対してあまりためらいがなく、むしろ強く望むのだろうか。こうした疑問をもつ背景として、定期的な避難区域への立ち入りや除染されていない土地との関わりは、放射線や放射性物質に、自らの身体をさらす機会を増やし、被ばくによる健康被害を起こす可能性を自ら高めているようにみえるからである。以上の疑問について、本書では「実害」という観点から検討していく。

東日本大震災では、その名の通り大地震が発生し、そして地震により大津波が起こった。大地震と大津波は、各地に甚大な被害をもたらした。このように地震や津波などの自然災害の場合、それが起きたとき地域には物理的な損害が生じる。つまり、災害はそれが起きた地域の景観を大なり小なり変化させる。また、水俣病に代表される公害の場合、その地域に住む人びとに被害が生じる。しかし、原発事故の場合、「見かけは原発事故前と全く変わらない」（黒田 二〇一九：42）という指摘があるように、少なくとも単なる外観という点では本集落も何の変わりもなく物質的な損害は生じていない。すなわち、集落の人びとは、原発事故による実害を認識しづらい環境下にいる。

このことは、原発事故以前の暮らしを住民に常につきまとわせ、割り切れない思いを抱え続けさせる要因として作用している。たとえば、Sさんは「別に影響ないし、目にもみえないし、何も分からない。津波で何もなくなったのならまだしも。地域の至る所に思い出があって、（気持ちを切り替えるとは）それを捨てる感じ、簡単にできないよ。引きずるよね」と述べる。このように少なくとも、住民の目には原発事故によって外観上の変化は生じていない。住民の立場からみれば、原発事故による直接的な実害は生じていない。それゆえ、避難生活を送っているなかでも自宅に通うこと、そこで生活を再建することに、人びとはためらいをもたないのだと考えられる[5]。

四―二　間接的な実害

では、集落の人びとは実害がまったくなかったと考えているのだろうか。この点については、原発事故の影響を過小評価することになりかねないため、さらに詳細に検討する必要がある。以下、検討していこう。

原発事故直後に、国により実施されたゾーニングは、事故が起きた施設、つまり福島第一原子力発電所からの距離に基づくものであった。人びとからみれば、半ば強制的に居住地域から追い出される形であった。本集落でも事故による景観的変容がないにもかかわらず、突然人びとは集落に住めなくなった。しかし、住居に住むことができない、あるいは農作物を作ることができないことは、集落にある変化をもたらした。Sさんは原発事故後、約一ヵ月の避難生活を経て集落に戻ってきた。その際、ハウスで栽培していたシュンギクが、萎れている光景を目の当たりにし、ショックを受けた。なぜなら、それはSさんがはじめてみる光景であったからである。また、事故から一年半の間、自宅が二〇km圏内にあったことから、自宅裏の農地を手入れすることができず、農地を荒らした住民も、そうした荒れた農地をみるのは、はじめてであったと述べている。

東日本大震災では、津波も生じ多くの地域が甚大な被害を受けた。この場合、津波により地域は景観的に大きく変わったのであり、その景観的変容に対して住民の行動や考えが入る余地はなかった。対して、原発事故の場合、事故それ自体により地域が景観的に変わることはなく、変化があるとすれば、人びとが何もしないことによって起こる変容であった。すなわち、変容が生じる場合、そこに人びとの行動や意思が入る余地がある。本集落では、人びとが何もしないこと（不作為）により、農地の荒廃やシュンギクの萎れが生じた。それは人びとにとって、自らが原発事故の被害者であることを自覚させられる事態でもあった。前項では、人びとの立場からみれば、原発事故による直接的な実害はないとした。しかし、農地の荒廃やシュンギクの萎れは、人びとが何もしないことにより生じる事態であり、いわば原発事故によって間接的に生じる実害として人びとから認識されているといえよう。

以上を踏まえると、原発災害が「直接的な実害はないが、自身を介する形で間接的な実害が起こる災害」であることが分かる。そして、自身を介す形で、実害が生じるために、自宅に通うこと、そこで生活を再建することを、人びとは強く望むのだと考えられる。

四―三　利用される「地域の復興」

原発被災者のなかには、故郷へ通うこと／故郷で生活再建することを強く望む人びとがいる。その背景には、上記にみられるように「直接的な実害がないこと」および「間接的な実害があること」が関係していると考えられる。

国は事故当初、原発から二〇km圏内への立ち入りを禁止した。その後、立ち入りの許可を出したり、生産に関する制限を条件付きではあるが解除を行ったりした。事故から五年が経過した二〇一六年七月一二日には、一部ではあるが二〇km圏内に設けられていた居住制限も解除した（南相馬市や浪江町など）。制限が解除されつつある背景には、国の方針が関係している。吉野英岐は原発被災地の復興に関する国の方針について、「地域の復興―故郷の復活―という方向が政府および地方自治体によって選択され、帰還政策が推進されているところが大きな特徴である」（吉野二〇一六：36）と指摘している。二〇km圏内に自宅を構える被災者の一部には、当該地域に戻ることを望んでいるため、こうした国の方針に基づいた区域内への立ち入り許可や制限解除に呼応する形で、人びとが動くようにー見するとみえる。

東日本大震災で甚大な被害を受けた地域では、時間の経過とともにそれぞれの地域で復興が進められている。こうした被災地で進む復興について、時折「故郷イデオロギーが利用されている」（ギル二〇一三）とする指摘がある。換言すれば、「故郷」は利用されるほど、人びとにとって大切な場所ということになろう。原発被災地の場合、原発災害の実害における特徴があるため、たとえば津波被災地と比べると、さらに地域の復興が国から利用されやすい面がある。

以上を踏まえると、本書が対象としている人びとの行動、つまり人びとが自宅に通うこと、そこで生活を再建することも、国から利用されているようにみえる。人びとの行動が国から利用されたものであるか否かについては慎重な議論を必要とするが、少なくとも人びとの行動のなかには国から利用されたものとは言い切れない行動がある。それが序章であげた「農地の手入れ」である。次項では、人びとが行う農地の手入れについて詳細に確認しつつ、なぜ農地を手入れするという行為が、国から利用されたものとは言い切れないのか、その理由を説明していく。

五　農地の手入れは利用されたものか

まず、押さえておきたい点として、事故後の農作物の作付けについては、南相馬市の場合、コメが二〇一一年度に南相馬市全域で作付けが制限された点である。翌年の二〇一二年度については、警戒区域と計画的避難区域で作付けが制限され、それ以外の区域では作付け自体は可能となった。二〇一三年度になると、帰還困難区域でのみ作付けが制限され、それ以外の区域については作付けの制限は解除された（農林水産省二〇一三）。野菜については、市の判断で作付けは制限されていない。つまり、南相馬市ではほとんどの地域が、三年目から農作物の作付けが可能になった。

しかし、原発事故が被災地の農家に与えた影響は大きく、二〇一五年世界農林業センサスによると、大甕における総農家数は一四七戸と、二〇一〇年と比較すると大幅に農家数が減少している。本集落においては、表2で示したように、二〇km圏内外にかかわらず、全一三農家が、一様に生産活動から離脱している[6]。けれども、事故から七年が経過した時点でも、表2にあるように元農家は農地の手入れを怠ることなく継続している、あるいはその意志をもち続けている[7]。

では、具体的にどのような形で手入れが行われているのかについて以下確認していく。というのも、手入れと一口にいっても、その中身はいくつかに分かれているからである。表2に示すように、トラクターを用いて手入れをしている家は四戸、うち土を耕しているのは二戸、草を刈っているのは二戸となっている。手動の草刈り機械を使って手入れをしている家は七戸、うち三戸が除草剤の散布もあわせて行っている。除草剤の散布のみは二戸である。ただし、その二戸も以前は手動の機械を使って草刈りをしていた。筆者が行った調査によれば、草を刈ることが体力的に難しくなったことから、上記の二戸は除草剤の散布のみに変更したという。以上からなんとか農地の手入れを続けていこうとする元農家の強い意志を感じる。では、なぜ人びとは生産活動から離脱しながらも、そこまで農地の手入れを続けようとするのだろうか。

以上の問いを考察するにあたって、本論では三つの世帯を事例として取り上げる。それがさきにあげた三世帯になる。事例を選ぶ際に基準としたのは、次の二点である。①原発事故後に集落で居住し続けたかどうか、②世帯における農業度の高低、以上二つを基準とした。自宅が二〇㎞圏外にあり、居住を継続した事例として世帯番号[6]、自宅が二〇㎞圏内にあり、避難を余儀なくされた世帯のうち、集落のなかで唯一大規模に稲作を営み農業度の高い事例である世帯番号[1]、高齢女性が軸となり小規模に農業を営む世帯番号[7]の三世帯である。三世帯は、いずれも農地の手入れを原発事故後も継続している。以下手入れの頻度が高い順に、世帯番号[6]、[1]、[7]を事故前の農業状況とあわせて手入れの状況を述べていく[8]。

[6]の事例：自宅が二〇㎞圏外にあり居住を継続することができた世帯

[6]の世帯は、事故前は高齢の親世代夫婦が農作業を行い、一ヘクタールの田圃をSさんの夫が、三〇アールの畑を六〇代のSさんが担当していた。子世代が農業に関わるのは、田植えや稲刈りの

ときに限られていた。作目をみると、シュンギクについては販売を目的として作付けがなされていたが、コメを含めてそれ以外の作目は自家消費のために栽培されていた。わずかにコメに関しては、余った分を販売に回していた。このコメとシュンギクの販売から得られる収入は多くなく、電気代をまかなう程度であった。次に、事故後の農地の手入れの様子についてみていこう。

農地の手入れの頻度が一番高い[6]の世帯員であるSさんは、集落に戻りすぐに農地の手入れをはじめた。というのも、避難前[6]の世帯で畑作をほぼ一人で担っていたSさんは、避難をしている間常に農地のことを気にかけていた。当時は、主に屋敷周りにある畑と庭の草取りをしていた。その点について「放射能に対する不安はあったが手入れはやりたかった」と述べる。したがって、事故当初はマスクや手袋などを身にまとい肌を出さないようにしたり、風のある日には活動を自粛したり、家に入る際は全身をほろっ(はらっ)たり(カッパを着ていたので払いやすい)するなどの対応をとりながら農地の手入れを行っていた。ときに、すぐ隣の二〇㎞圏内に自宅のある人が防護服を着て、家の整理をしたり農地に除草剤を撒いていたりしている姿を間近でみることもあった。そのときのことについて、「異様な光景であったし、こちらは大丈夫なのかと不安になった」と振り返ってくれた。当時、二〇㎞圏内に関しては、帰還は許可されず認められたのは一時的な立ち入りのみであった。

集落の除染作業が進み、Sさんが抱く放射性物質への不安が解消されると、Sさんは丁寧に農地を手入れするようになる。具体的には、敷地内にある畑・庭および敷地外にある畑を対象に、草を刈ったり除草剤を撒いたりしている。敷地内の草を刈る・除草剤を撒くのに要する時間は、いずれも一時間程度で、毎朝六時から七時の間に行っている。田圃と畑の農地を耕す、および田圃を対象に草を刈る・除草剤を撒くのは、夫と息子の役割となっている。夫は毎朝五時半から七時の間に、息子は休日の空いた時間に活動している。Sさんによると、夫は年三回ほど活動しており、それは草が生えたらやる形であるという。また、「農地が青くなる」と「草が二〇㎝ほど生える」は同じ水準で、言い換えれば地面が見えるか否かともいえるといい、夫は農地が青くなったら草を刈るため、それが結果として年三回になっていると説明する。[6]の世帯では、Sさんを中心に農地の手入れはほとんど毎日行われている。しかし、[6]の世帯が農業を再開することはない。理由について、Sさんは「誰からも望まれていないから」と説明する。

[1]の事例：自宅が二〇㎞圏内にあり居住を継続することができなかった世帯、事故前は集落唯一の大規模農家

[1]の世帯は、事故前はNさんと息子の妻の女性二人が農業の担い手であった。七〇代のNさんが屋敷内の畑で自家消費の目的で野菜を栽培し、五〇代の息子の妻が五ヘクタールの田圃と畑でのシュンギク栽培を行っていた。稲の刈り取りのときには、他の世帯員も作業を手伝っていた。コメおよびシュンギクについては、販売目的で栽培しており、収入は家の収入において大きな位置を占めていた。実は東日本大震災が起こる直前、会社勤務を続けていたNさんの息子は会社をやめて、

のような形で事故後農地の手入れをしているのだろうか。以下、確認していく。

[1]の世帯ではどの妻とともに自家農業に専念しようとしていた。その矢先に震災が起きた。では、

Nさんの息子夫婦は、避難生活のなかでも農地のことを気にかけていた。それゆえ、夫婦は事故直後、二〇㎞圏内への立ち入りが禁止されている時期から、週に一回の頻度で集落に戻り、農地を含めた土地の手入れをしていた。それでも、Nさんの息子夫婦は集落での活動は危ないと考えていたことから、丁寧には農地の手入れを行わず、庭に除草剤を撒く程度にしていた。二〇㎞圏内への立ち入りが一時可能になると、夫婦は防護服を着て、農地に除草剤を撒いていた。その後、二〇一一年の末に行政に申請した上で、農地の手入れを行うのに必要な農具（トラクターなど）を自宅から取り出し、友人に預けた。そして、区域の見直しにより、二〇㎞圏内への立ち入りが可能になった翌年の春に、農地の手入れを本格的にはじめた。具体的には、トラクターを使って、草を刈り、土を耕した。

立ち入りが可能になった際のことを筆者がNさんの息子に詳しく聞くと、「（二〇㎞圏内に）入ると（農地は）非常に荒れた状態であった。あまりのひどさにわざわざ草刈りの機械（トラクターに付ける刃）を購入した」と当時の状況を振り返ってくれた。Nさんの息子夫婦は、二〇㎞圏内への立ち入りが可能になった翌年に農地の手入れを行ったが、その後も夫婦は農地の手入れを行うために、約一〇㎞離れた仮設住宅から自家用車で三〇分ほどかけて定期的に集落に通っていた。放射線への懸念がなくなり帰還して以降は、丁寧に農地の手入れを行っている。具体的には、自宅近くにある

畑に草が生えてきたり、畑の土が固くなったりしたら、トラクターで畑を二時間ほどかけて耕している。田圃も同様に手入れしている。

以上をみると、[1]の世帯は自宅が二〇km圏内にあり、集落に住むことはできなかったが、定期的に集落に通う手段をもっていたことが分かる。それゆえ、農地の手入れも定期的に行うことができた。Nさんの息子夫婦は協力し合い、畑二〇アール、田圃五ヘクタールの農地、そして庭の手入れをしている。しかし、[1]の世帯が農業を再開することはない。理由を尋ねると、原発事故前五ヘクタールの田圃での作業を中心的に担っていたNさんの息子の妻は、「作っても売れる見込みがない」、「仮に売れたとしても安い値で取引されるから」と説明してくれた。

[7]の事例：自宅が二〇km圏内にあり居住を継続することができなかった世帯、事故前は高齢女性が軸となる小規模農家

[7]の世帯は、事故前はGさんが一ヘクタールの田圃での稲作栽培と畑でのシュンギク栽培をほぼ一人で担っていた。田植え、稲刈り、種まきを行う際に家族が作業に参加していた。作目をみると、シュンギクは販売目的で栽培、コメについては自家消費の目的で栽培し、余った分を販売に回していた。その他の野菜については、自家消費が目的である。農業による収入は、あまり多くはなく、[7]の生計は、会社員であるGさんの息子の収入によって支えられていた。では、[7]の世帯では事故後どのように農地の手入れを行っていたのだろうか。

避難している間、Gさんは屋敷周辺の農地の状態を気にしていた。それゆえ、事故直後の立ち入りが禁止されていた時期に、家に入れないと把握しながらも、何度か自宅に戻っては屋敷周辺の農地に除草剤を散布していた。この点について、Gさんは「無理をしてでも農地を手入れしたかった」と述べる。

借り上げ住宅で生活を再開して以降も、Gさんは農地の手入れを行っている。けれども、自家用車がないなど集落に通う手段がないため、[1]の世帯と比較すると農地の手入れは不定期的であった。それゆえ、手入れをするときは、「今しかできない」と無理をして頑張ってしまい、借り上げ住宅に戻るときには、つらいと思うほどに身体に疲労を感じるという。Gさんは、自らの身体を優先しないといけないと理解はしているが、それでも農地のことが気になり、結果無理をしてしまうと筆者に説明してくれた。このように苦労して農地の手入れを続けてきたGさんであるが、農業を再開することはなかった。農具も残っているが、トラクター以外は処分する予定だという。農業を再開しない理由を尋ねると、放射線の不安と端的に答えてくれた。また「作らないと諦めながら、荒れているから少しでもやらないと」と、作らないと決めた農地を手入れする心情についても説明してくれた。

ここで取り上げた三農家は、ときに家族と協力しながら農地の手入れを、原発事故後から現在に至るまで頻度の差は違えども続けている。しかし、いずれの事例も生産活動の再開は諦めている。本集落において、この三農家は例外ではない。最終的に集落では、表2で示したように、農家全一三戸が農業から離脱する決断を下した。にもかかわらず、Gさんが「集落全体をみても手入れしていない土地はない」といい、Nさんの息子も「集落の人間であれば皆何かしらの活動はしている」と述べるように、集落の他の元農家も作らない農地に対する手入れを行っている。この点についてGさんは「皆農業を再開することはないだろう。ただ、手入れするのみであろう」と説明し、手入れのみ続ける点についてSさんは「不思議には思わない」という。

以上から、集落の元農家にとって、作らない農地に対して手入れを行うことは違和感をもつことではなく、むしろ当然のこととして受け入れられていることが分かる。では、農業から離脱した人びとが、事故から八年が経過した時点でも農地の手入れを当然のように継続しているのはなぜなのだろうか。一見すると、農地の手入れも国から利用されている行為のようにみえる。もし、人びとに生産活動を再開する意志がある場合、彼ら彼女らの行動が国から利用されているものだといわれても否定することはできない。しかし、実際はそうなってはいない。また、実はすべての農地に手入れが行き届いているわけではない。本集落には事故後に、元農家の判断によって荒らすことを決められた農地も存在している。ここには国による利用とは異なる地域独自の回復過程があるように思える。したがって、少なくとも本事例地で確認される、元農家による「農地の手入れ」という行為を、単に国から利用されている行為だとは、この段階では言い切れないのである。

第三章

農地を手入れする人びと

なぜ原発事故以後も農地と関わり続けるのか

写真⑦　定期的に手入れをされる田圃（2015年10月15日　筆者撮影）

上の写真は、集落のなかでも比較的高い頻度で農地の手入れを行っている元農家の田圃である。田圃の所有者に話を聞くと、主に草刈りと除草剤の散布を行っているという。調査のなかで、こうした手入れの話を聞いていると、時折その方が今でも農家であるように感じることがあった。しかし、その方を含め集落で調査に協力してくれた方々は、みな元農家であった。

本章では、原発被災地で農業をやめた人びとが、事故後も農地に対して継続的に働きかける理由を考察する。第二章で確認したように、本書が対象とした集落の農家は原発事故の影響により農業から離脱せざるをえなくなった。さらに、人びとは再開の意志もない。にもかかわらず、生産活動をしないと決めた農地に対して、人びとは荒らさないようにと手入れを続けている。

一見すると、元農家の活動は原発被災地でみられる特異な現象、すなわち第二章で述べた国から利用されている行為の一例のようにみえる。しかし、現地で調査を進めていくと、単にそうとはいえないことが明らかになった。本章では、まず元農家がなぜ農地への働きかけを続けるのか、その理由について先行研究を踏まえ検討していく。

一　農地への働きかけに関する研究

一―一　イエ論に基づいた農地との関わり

農地への働きかけに関する先行研究を概観する上で、まず安達生恒の研究からみていきたい（安達一九七九）。これは四〇年以上前の調査研究になるが、安達が農民に対して行ったアンケートの結果には興味深い点がみられるからである。安達は岩手県軽米町車門を訪ねた際、「土地観」に関するアンケート調査を実施した。その内容は土地観について所定の四項目から選択してもらい、該当がなかったら欄外に自由に記入する形であった。四項目とは、簡潔にいえば①農地は家の財産だと思う、②農地は生産の場だと思う、③農地は金銭に換えられる資産だと思う、④農地は商品だと思う、というものであった。回答者は六二名で、その結果が興味深いものだった。というのも、「生産の場」観が四七％と高い水準を示したのであるが、それ以上に高く最も割合を示したものが「家産」観で五〇％であった。年代別にみると、六〇歳以上では「家産」観は一〇〇％であったというのである。

「資産」と「商品」といった土地観はあまりみられず、「生産の場」という土地観が高かった。そして、それを上回ったのが「家産」観であった。藤村美穂も自身が行った調査のなかで、人びとが「水田を一枚化して全体の生産量を増加させるよりは、先祖から受け継いだ個々の田を守ろうとする」（藤村 一九九四：148）様子を確認している。家産観は場合によっては、経済的動機を上回って、山林との関わりを促進することも報告されている。

たとえば、和歌山県龍神村を対象に林業を営む人びとが、自らが所有している山林を維持していく姿に焦点をあてた藤村の研究があげられる（藤村 二〇〇一）。藤村は、生計を立てる上で重要ではなく、むしろ経済的にみれば重荷でしかないにもかかわらず、山林を維持している点について、先祖の代からの山への思いや働きかけを引き継いでいるためと説明する（藤村 二〇〇一）。同様の点を、藤村は佐賀県富士町においても確認している。すなわち、人びとが田畑や山を放棄することなく管理してきた背景に、人びとはそこが先祖から受け継いだ土地であるという理由をあげている（藤村 二〇一五）。

さらに興味深いのが、この土地に対する「家産」観が、災害後にも人びとに農地との関わりを促している点が報告されていることである。災害後の農家の姿に焦点をあてた研究として、たとえば新潟県中越地震に遭った農家の、その後を追った植田今日子の研究がある（植田 二〇〇九：二〇一六）。植田は、避難指示が解除されていない時期から農家が故郷に通い、当該農地で農業を再開した点について考察している。植田によれば、藤村が扱った事例同様に、生計を立てる上で農業が重要な位置を占めていないにもかかわらず、農家が当該土地で農業を再開した大きな理由として、そこが人びとにとって先祖伝来の土地であり、働きかけをせずに山へ還してしまうことが「もったいない」からだと説明している（植田 二〇一六）。

また、原発事故後の農家の姿を追った牧野友紀の研究もあげられる（牧野二〇一六）。牧野が対象とした事例は、福島県南相馬市小高区に位置している集落において、たった一人で農業活動を再開した事例である。その理由について、農業をやめることは先祖に申し訳ないという、農家の語りを牧野は聞き出している。その上で、牧野はこの点について「家の先祖から子孫へという土地の世代継承に関わる観念が大きく関わっている」（牧野二〇一六：15）と指摘する。

以上をまとめると、日本の農村においては、農地は先祖から受け継いだ家産であるから大切に扱い、次の世代に引き渡すという「イエ論的な考え」が人びとにあるといえよう。ただし、上記の研究については、単に家産には留まらない土地観がある。新潟県山古志村を扱った植田の研究では、自らの農地にくわえて他人の農地も維持している姿が描かれている（植田二〇一六）。自身で農業を再開できない農家が、故郷に通う農家に自身の農地の耕作を託しているのである。

この家という範疇を超えて農地への働きかけがなされている点について、植田は「『先祖の土地』は、その一段底においては『むらの土地』でもあった」（植田二〇一六：125）からだと説明している。人びとの家産観について、調査してきた藤村の研究においても「むらで暮らすということは、自分たちみんなでむらの土地を管理するということでもある」（藤村二〇一五：65）という記述がみられる。では、人びとにとって家産であるはずの先祖の土地のなかにある〝むらの土地〟という考えは、どういうことなのだろうか。つまり、家産とは先祖から受け継ぎ、子孫へ引き渡す私有物であるにもかかわらず、そのなかにむらの土地という公のものとしての考えがあるのは、一体どういうことなのだろうか。次項では、この点について考えていく。

一―二　総有論に基づいた農地との関わり

ここで着目したいのは、もともと土地はそのすべてが「みんなのもの」であったという考えである。たしかに、生産力の発展の結果、「小家族を単位とする土地の私的な所有関係がもっともっと明確化されるに相違ないだろう」（佐々木 一九六八：162）。という指摘や、安定した生産条件は家族レベルの生産力を発展させ私的土地所有性を生み出す（佐々木 一九七二）、という指摘が一九六〇年代および七〇年代の研究にはみられていた。土地観について調査した安達も「土地感（観）という範疇が成立するのは、氏族なり家族なりによって土地が占有され、耕作されるようになってからであろう」（安達 一九七九：103）と、土地の私有制の出現について言及している。その後、佐々木が指摘するように、土地の私有制が誕生し、法律上でも所有という形で土地をもつことができるようになった。

けれども、私的所有制度が導入されて以降も、なお〝みんなのもの〟という考えが残存することはありうる。というのも、私有地に対して村落が関与している事例が報告されているからである。そこにある論理とは、土地そのものはたしかに個人に所有されているものの、それらの土地には村落により「総有」の網が張り巡らされているというものであり（鳥越 一九九七）、それは「土地所有の二重性」（鳥越 一九八五：98－100）と呼ばれている。川本彰は自身が行った調査のなかで、この総有について次のように言及している。

「家産としての土地の利用はいくら私有財産であっても、ムラ全体の永続に支障をきたすものであってはならず、また逆に、ムラの永続があってはじめて家も家産も永続性を得るのであった。要するに、ムラの土地はムラ総有のもとにある。ムラ総有下にある土地は、単なる入会地や共有地のみではない。…（中略）…資本主義社会の私的所有原則が貫徹しているかにみえる私的所有地においてもまたしかりである。ムラ全体の土地はムラ全体のもの、オレの土地もムラ人全体のオレ達の土地であった」（川本 一九八三：243）

つまり、「むらに住む者にとってはむらの土地はすべて連続しており、その領域全体が積極的な意味で『みんなのもの』」（藤村 二〇〇一：41）なのである。したがって、私有と総有の関係については、次のように指摘することができる。すなわち、「むらの空間は、『みんなのもの』という〈地〉の上に、…（中略）…〈図〉として『私』有の意味が塗られているのである」（藤村 二〇〇一：41）。では、この総有は私有制が導入されて以降も、残存している理由はどこにあるのだろうか。総有が残る理由（利点）に、むらの土地の保全（領域維持）があげられる。この点を鳥越の説明に（鳥越 一九九七）、依拠しつつみていこう。

仮に、土地に対して私有のみしかない場合、法律上は当該土地を使う権利だけでなく、売買を含めた処分も行うことができる。これにより村内の土地が外部の者に渡った場合どうなるだろうか。それが一人ではなく何人も行ったらどうなるだろうか。言い換えれば、得体の知れない外部の人間が好き勝手に、使用できるようになった場合何が起こるだろうかということである。土地の権利はその者にあるから、当然各々は自分の都合で土地を活用していくことができる。田圃を分割することも、畑を潰して建物を建てることも、土地を荒らすことも可能になる。そうなれば、それらの土地は村内にありながら、もはやむらの土地とはいえなくなる。これは村民にも影響を与える。なぜなら、たとえば田圃は水を必須とするが、今日のように一枚一枚の圃場ごとに独立した用排水を可能とするシステムが整備される以前、水は一枚の田圃に留まるのではなく、周囲の田圃に流れるからである。つまり、片方が水を入れられる状態でも、もう片方が同様の状況にあるとは限らない。その状態で勝手に水を入れられると、それは所有者にとって、大変迷惑なものとなる。だからこそ、むらで暮らす者は水利用でも常に隣近所、とくに自分の田圃の周りの人への声掛けを怠らない。

また、土地を荒らすことも、その影響が当該土地に完結するわけではない。田圃も畑も周囲の土地に影響を及ぼすからである。具体的には、虫の発生による作物への害（虫害）があげられる。自由勝手に耕作を放棄されて土地が荒れることは、周囲の農家にとって一大事なのである。では、総有があればどうであろうか。そもそも自由に処分することができない、あるいはできても許可を前提にしているから上記のような得体の知れない外部の人間にむらの土地を渡すわけではなくなる。これにより自由勝手な土地利用は実現できなくなる。総有はむらの土地を物理的に守るだけでなく、ムラで暮らす人びとの「生活」をも守っているといえる。こうした理由があるからこそ、「村落内の土地の売買に対しては、村落（ムラ）にお伺いをたてるのが筋だと考えられているし、現実には、自分の土地だからといって、自分の田を村落（ムラ）に黙って、急に宅地にしてしまうということはありえないのである」（鳥越一九九七：56）。

以上を簡潔にまとめると、農地は「私有（わたしのもの）」と「総有（みんなのもの）」という、二つの所有形態が重なりあって存在しているということになる。この点を本事例地に照らし合わせた場合、まず総有論については本事例地において農地を含め土地に対して「みんなのもの」という考えは、調査をしているなかで確認できない。次にイエ論については、度々人びとが「先祖の土地だから」と口にしており、イエ論的な考えがあることは確認できている。しかし、本書が対象とした地域では、単に「先祖の土地だから」という理由では説明できない点もある。作物を植えることができないにもかかわらず、農地の手入れを続ける理由を尋ねると、近隣からどう見られるかを気にかけているという趣旨の言葉が返ってくるからである。すなわち、本節であげた「イエ論」および「総有論」では、本書が対象とする元農家の行動を説明しきれないのである。

では、なぜ人びとは農地への働きかけを続けるのだろうか。次節では、農地の手入れを続けようとする継続意志の根拠の可能性について検証していこう。

二　仮説の検討と棄却の理由

①　金銭面

はじめに金銭面について考える。つまり、農地を手入れすることにより、金銭が得られるのであれば、それが主要な理由として考えられる。実際、活動したことを行政に申請すれば、作業賃という形で金銭を得る制度は存在する。世帯番号[6]と[1]の家では、本制度を活用している。しかし、金銭面を主要な理由として考えることはできない。なぜなら、各家で農地の手入れを中心的に担っている人は、作業賃の制度が作られていない、あるいは制度を把握していない時期から、農地の手入れを行っているからである。

たとえば、[6]の世帯において、農地の手入れを中心的に担っている六〇代の女性Sさんの場合、震災の発生から一ヵ月後の時点で、農地の手入れをはじめている。Sさんが制度を把握し、活用したのは二〇一二年のことであった。「作業賃のために活動しているわけではなく、あくまで荒らしたくないからしている」とSさんは述べる。また、[1]の世帯において、農地の手入れを中心的に担うNさんの息子夫婦の場合、活動をはじめた時点では、制度のことは知らずにいた。二〇一三年に作業賃のことを知り、以降制度を活用している。Nさんの息子も「活動の目的は荒らしたくないからであって、作業賃はおまけのようなもの」と述べる。Gさんに至っては、作業賃の存在自体を把握していなかった。以上を踏まえると、作業賃（金銭面）は主要な理由とはいえない[9]。

② 農業の再開

次に「農業の再開」の可能性についてみていく。現段階では目処は立っていないものの、いずれ再開する可能性があるため、農地の手入れを行っているという考えである。しかし、集落の全農家が生産活動に必要な農具を処分している、あるいは処分予定にあることから、この点は棄却せざるをえない。たとえば、Sさんの家ではコンバイン・乾燥機・田植え機械などを処分した。一方で、トラクター・除草剤を散布する機械・くわなど、農地の手入れに必要な農具は残してある。Gさんの家でもトラクター以外は処分予定にある。Nさんの家では、二〇一六年六月時点で農具はすべて残してあったが、生産関係の農具は処分予定にある。Nさんの息子もトラクターなどの農地の手入れに必要な農具については残すと説明してくれた。また、Sさんの家では二〇一六年に豆トラクターを購入しており、その理由としてトラクターでは入れず、一方で手作業が大変な農地を手入れするためと説明してくれた。

このように集落では農地の手入れを行うのに必要な農具は残してある、あるいは新しく購入しているが、生産活動に必要な農具は処分されつつある。少しでも現実的に再開への考えがあった場合、農具を処分することはしない。

③ 健康目的

次に「健康目的」の可能性であるが、この点も否定せざるをえない。なぜなら、たとえばSさんは事故後に精神的な健康のためにと習い事をはじめていたり、Gさんは身体的な健康のためにと同じく事故後に施設に通ったりしており、健康目的の活動は農地との関わり以外に向けられているからである。

④　近所迷惑

次に「近所迷惑（農地を荒らすことによる害虫の発生や景観が悪くなることによる治安の悪化など）を避ける」可能性であるが、この点も可能性としては低い。というのも、諸般の事情から事故後に一度も手入れが行われず、荒れている農地が集落に存在しているのであるが、これにより害虫の発生といった環境面の変化があった、あるいは集落の治安悪化を懸念するといった声を調査のなかでは聞かないからである。

⑤　先祖に対する思い

では、農地を荒らすことが「つらい」や「先祖に対して申し訳ない」といった点はどうであろうか。こうした考えは住民のなかに存在している。けれども、主要因とまではいえない。たとえば、Sさんは事故後に通う困難さから、一部の農地を荒らすことを決めたり、Nさんの家に至っては手入れの煩雑さを理由に事故前から荒らしていた農地が存在したりしていた。つまり、農地を荒らすことそれ自体は、集落の人びとにとって大きな問題ではないのである。

⑥　行政に対する対抗手段

では、行政に対する対抗手段という理由はどうであろうか。すなわち、人びとの活動により多くの農地は荒廃していないが、それは行政に農地を奪われないようにするための方策として捉えることはできないか、ということである。

震災後、除染廃棄物を保管する仮置き場の建設において、候補地のひとつとなっているのが耕作を放棄された農地である。もし、農地を荒らしていた場合、そこは行政が目をつける対象となりやすく、かつ地主が反対したとしても説得力がなくなってしまう。それゆえ、農地を荒らすことなく、農地の手入れを続けていれば、除染廃棄物の仮置き場候補から外れることが可能となり、農地の手入れは行政への対抗手段となる。少なくとも、このように考えることはできる。

しかし、この面も否定せざるをえない。なぜなら、すでに集落の人びとが有している田圃を、仮置き場にする計画が決まっていたからである。なぜ、住民たちは仮置き場設置を受け入れたのか。住民たちはその理由として、第一に仮置き場の建設が決まらないと本格的な除染が地区で行われないこと、第二に形式として貸すため賃貸料が入ることをあげた。とくに、後者の理由では肯定的な意見が聞かれる。というのも、現実問題として住民は事故後農地の活用について頭を抱えているからである。農業をやめ、また風評被害の問題から第三者がここで農業を行うとも考えにくい。このままでは農地が無用の長物と化す。そのようななかで、活用方法と引き受け手がみつかり、かつ金銭が入る話であったため、住民は建設をどちらかといえば前向きに捉えている。Ｓさんは「抵抗がないわけではないが、これで荒らさないで済むと考えると気は楽」と述べる。

⑦　住民間の対立

最後に、地域住民間の対立の可能性についてである。この点は一部の農地については該当しているものの（後で詳述する）、手入れを行っているすべての農地に当てはまる理由とはなっていない。

以上、①〜⑦までの理由を検討してきたが、いずれもすべての農地に当てはまるものではなかった。では、手入れが行われている農地すべてに該当する理由とは何なのだろうか。次節では、手入れがなされている農地すべてに該当する理由について考えていく。

三　荒廃を防ぐ農地との関わり

三―一　消極的な農地との関わり

農地の手入れを行う住民に、その理由を尋ねたとき「土地を荒らしたくない」というものや「荒らさないで済む」といった言葉が頻繁に語られることが筆者は気になった。世帯番号[7]が所有する田圃も仮置き場になったが、その点について[7]の世帯において農地の手入れを担うGさんは、「それもあって自分の土地で荒れている所はないよ」と説明する。また、Nさんの息子も「土地を他人に貸すことは考えているが、それは荒らさないでほしいから」と述べる。すなわち、農地を委託したり貸したりする理由に共通するのは、〝荒らしたくない〟という意思なのである。

それを表す行為として、たとえば手入れの際に、農地に肥料を入れない行為があげられる。元農家は農地の手入れを行う際に肥料を入れないのであるが、その理由を尋ねると「雑草が伸びやすくなるからね」という答えが返ってくる。他にも、土を耕すことについても「作るためにうなう（耕す）なら丁寧にするが、荒らさないためならただうなえばよい」とか、「土は簡単に固くならないから固くなったら耕す予定」といった声もある。このように農地を手入れする目的は、農地を生産の場として維持することにあるのではない。元農家は〝荒らさない〟こと、〝農地の外観を保つ〟ことを目的において活動している。「作っているときは生産性を上げるために手入れをする、作らないときは土地を維持するために手入れする」という元農家の説明は非常に分かりやすい。ここで人びとが口にする〝荒らす〟とは、雑草が生い茂るなど、農地に人の手が加わった痕跡がない状況を指している。ときに、集落には草が生えた農地がみられるが、元農家は皆集落の農地は手入れがされていると口にする。この点についてSさんは、集落の人間であればいつ除草剤を撒いたかなど手入れの痕跡が分かるためだと説明してくれた。

Gさんは「生産のための手入れと荒らさないようにするための手入れは別だよ」と述べる。ここから震災前の農作業には、「生産のため」と「荒らさないため」という、二つの目的が存在していたことが分かる。震災前、Sさんは花や野菜を、年間を通して畑に植えていたが、それは荒らさないようにするためだといい、またシュンギクがあっても空いてる所には花などを植えていたと具体的な事例を説明してくれた。つまり、震災後は農業をやめたことから「生産のため」という目的が消滅したものの、「荒らさないため」という目的についてはなくなっていないため、元農家はその目的に沿って農地の手入れを行っているのである。

ただし、こうした人びとがもつ農地を荒らすことへの抵抗は、すべての農地に適用されるわけではない。本章の第二項でも述べたように、小規模でも荒らしている農地が存在しているからである。震災後も農地の手入れを続ける理由に、荒らすことへの抵抗があるにもかかわらず、その一方で荒らしている農地が存在しているのはなぜなのだろうか。行為の相反する矛盾を解き明かすためにも、荒らすこととの前提をみてみる必要がある。再び、住民の活動に注目してみよう。

三―二　農地との関わりにおける濃淡

Sさんは、震災前は毎日のように農地の手入れを行っていた。ただし、それは闇雲なものではなく、計画的にどこを優先するかを思案した上で活動していた。具体的に、どういったことを思案していたかというと、Sさんは、人目に触れる所から順に手入れを行って、人目があまり触れない自宅裏は後回しにしていたと語る。そして、こうした考えは震災後も変わっていない。手入れが以前より容易でなくなったがゆえに、震災後Sさんは一部の農地を荒らすことを決める。裏山の頂に位置し、震災後一度手入れをしたが、それ以降は行っていない農地を荒らすことにした。

荒らす理由として、Sさんはそこでは何も栽培する予定がないこと、山を登り通うのが大変なこと、人目に触れないことをあげる。またNさんの息子は、震災前は農地を荒らさないようにしていたが、すべての農地を活用していたわけではなかった。自宅から離れている桑畑は、震災前から荒らしていた。理由として、桑畑の手入れが大変で時間がかかることをあげているが、くわえて人目に触れない点もあると、Nさんの息子は説明する。Gさんも自宅周辺の農地の手入れを行っており、とくに自宅前の農地は人目に触れるため力を入れていると口にする。

以上を踏まえると、個人の所有地でみた場合、働きかけの度合いは、他者の目に触れる所は高く荒らさず、触れない所は低く荒れていることが分かる。いわば、他者の目に触れる所から触れない所にいくにしたがって、働きかけの濃淡は薄れていく。ここから荒らすことへの抵抗は、所属集落における「他者の眼差し」の存在を前提においていることが分かる。

Sさんは、集落の同年代の女性たち同士の会話において、集落外に避難した者からは「おらいの土地荒れているか」といった確認の声や、「最近事情があって手入れができていない」といった農地の手入れをしない理由が聞かれるという。避難している人については、事故前に比べ、より他者の目を気にかけるようになっているという。原発事故およびそれによる避難によって、住民同士が顔を合わせる機会が減少し、他者から自分がどのようにみられているのかが分かりづらくなった。そうした状況においても、他者の目を気にかけるがゆえに、たとえばGさんのように農地の手入れが定期的にできない人は、農地の手入れをする際に、過度に働くといった身体に負担をかけてまで働こうとする。そして、本書の問題意識とも関わるが、こうした農地の手入れのみ続けることに対して、人びとは違和感を覚えていない。

では、なぜ荒らすことに対する心理的抵抗は、「他者の眼差し」を前提においているのだろうか。以下、各家で農地の手入れを中心的に担っているSさん〔6〕、Nさんの息子夫婦〔1〕、Gさん〔7〕の語りから探っていく。

四　恥の意識とその由来

四―一　恥の意識

集落では、農地へ働きかける際、他者から受ける眼差しには大きな意味がある。Sさんは「手入れされている土地をみると、やっぱし集落の人間なんだなぁ」と考え、Gさんも「ここの人間は働き者だよ」と説明する。ここから「よく働く」ことは、集落の人間である限り、当然の行為としてみなされていたことが分かる。

農家からみると、「よく働く」とは農作業一般を指し、それは働く姿勢と農地の状態に基づいて判断されていた。前者は当然であるが、後者は働いた結果として認知されていた。それゆえ、農地が荒れていなければ、たとえ働く姿を実際に目視していなくとも「あの人は昔から働く人なんだよ」といったように、農地の所有者はよく働く者として集落のなかで認知される。では、農地を荒らすことは、人びとからどのように考えられていたのであろうか。

荒らすとは、開拓前の状態に還すことともいえるが、Sさんはそのようには捉えられないという。その理由について、Sさんは「何も作らなくても荒らすのは嫌だね、今も荒れるとおしょすい（恥）」という。つまり、荒らしてしまうと笑われる（恥ずかしい）という考えがあるため、荒らすことを開拓前の状態に還すとは考えられないのである。Nさん息子の妻は、農地の手入れのあり方には「見栄」も含まれているといい、震災後はじめて手入れを行った際のことについて「正直、田については、隣の田がきれいにされていたので見栄で手入れした側面もあった」と説明する。そして、そこには恥ずかしいという感情もあったと述べる。住民間では「草を伸ばしていると笑われる」といった会話が、話されていたとSさんとGさんは口にする。

以上を踏まえると、元農家が他者の眼差しと評価を気にかける背景には、恥の意識が関係していることが分かる。さらに、恥の意識は事故後に現れたものではなく、それ以前から存在していたことも分かる。では、こうした恥の意識の由来はどこにあるのか。本章では、その答えを半世紀以上前にみられた人びとと農地との関わりに求めていくことになる。過去の人と農地との関係に注目する理由は、事故以前の農作業と農地の手入れについて、SさんとNさんの息子は、そこに競争意識が含まれていたといい、この競争意識があったという半世紀以上前の人びとの暮らしのなかに、恥の意識の由来が存在すると考えられるからである。

では、以下事故以前にみられたという農家の間にあった競争意識とはどのようなものであったのかについて確認しつつ、それを踏まえ半世紀前の人と農地の関わりについてみていこう。

四―二　事故直前の競争意識

四―二―一　気兼ねないヨコの関係

事故が起こる前、本集落の農家にみられる競争意識は、作物栽培の際に顕著に現れていた。たとえば、苗の成長ひとつで競うことがあり、シュンギクの栽培に至っては競争心がさらに強かった。それは他の作物に比べてシュンギクだけ販売目的で栽培していたため、出荷の前段階で検査が実施され、人目に触れることに起因している。さらに、収穫した作物をおすそわけする際にも、自分が良いものを作っている自信から、相手に自慢したいとの思惑もあった。

とはいえ、人びとの間には競争関係だけでなく、結（ゆい）に似た協力関係も存在していた。たとえば、競争意識があったシュンギク栽培をみると、ともにハウスにナイロンをかけたりシュンギクの苗を植えたり収穫をしたりしていた。また、よくあったこととして、台風のような強風の際には、何回もハウスの確認に行き、たとえ他者のハウスであっても問題があれば伝えていた。他にも、集落が位置する浜通りでは、あまり雪が降らないのだが一度だけ大雪が降ったことがあり、その際ハウスに雪が積もると壊れるため共同で除雪したこともあった。シュンギクの栽培では競争心があったにもかかわらず、協力を行うことについてSさんは「ベストな状況で検査で戦いたいという思いがある」からと説明する。

以上からは、集落の農家同士が気兼ねない関係にあることが窺える。おすそわけの場面には、とくにその関係が垣間見える。Sさんの場合、野菜を栽培していない家に対して、おすそわけをすることは日常的ではなく、何かをもらった際のお返しとして行っていた。その理由は、相手に迷惑をかけたくないためである。一方で、同じ農家には何も気にすることなくおすそわけを行っている。なぜなら、「気心がしれているから、気楽でいられるし、（もしもらっても）すぐに返そうとはならない」からである。つまり、非農家に対しては、おすそわけの際に引け目を感じるが、農家に対してはそれを感じていないのである。

四—二—二　唯一人びとが気を遣う状況

競争関係、協力関係、おすそわけにおける人びとの考えをみると、農家同士は互いに気を遣わずにいられる関係を築いているといえる。村落では、互角の仲間付き合いも人びとは必要としていたとの鳥越皓之の指摘を踏まえれば（鳥越　一九八五）、集落の農家にみられる気を遣わない関係とは、互角の仲間付き合いの一例と考えることができる。

とはいえ、常に気を遣わないわけではない。シュンギクを行っているがゆえに年間を通して働き続ける農家にとって（シュンギクはいわゆる農閑期とされる冬場に栽培される作物）、お茶会や井戸端会議のような、時折訪れる束の間の場面に目を移すと、気を遣う関係がみえてくる。シュンギクの収穫をともに行う際など、活動中に話し合うことはあり、農地は会話の場であった。住民によると、集落にはお茶会なるものがなく、それゆえハウス内で収穫しながら、あるいは収穫を終えた後に話すことが農家の主な交流であった。けれども、話が長くなることはなく、Sさんもあまり話が長くならないように心掛けていた。もちろん、おすそわけの際も世間話や野菜の話などをすることはあったが、家に上げたり上がったりすることはなく、あくまで立ち話程度の短いものであった。

このように相手との会話において気を遣う背景には、他の農家の目を気にしていたことがあげられる。さきに、ハウス内で会話することがあったと述べたが、それはハウス内であれば他者の視線が遮られるからなのである。「ハウスのなかはみられないので安心」というGさんの語りは、それを端的に表している。では、なぜ農家同士は労働の合間に話し合うことに対して、「他者の眼差し」の存在を配慮しているのであろうか。この点を次項で考えていく。

四―二―三　お茶会に否定的な農家

そもそも、人びとはお茶会や世間話を行うことについて、二つの考えをもっている。Sさんの言葉を借りれば、ひとつは実施したいとの考え、いまひとつは会を催したり話し合いをしたりする時間があるならば、働く方を優先するとの考えである。一見すると、矛盾している二つの考えは、主に農地と関わる高齢の女性にみられ、かつ年齢が上がるにしたがい、後者の考えが強くなっている。

後者の考えに注目すると、人びとは前者の考えを抱く自らを律しようとしていることが分かる。人びとが〈自らを律しようとすること〉と〈他者の眼差しへの配慮〉は、密接不可分に関係している。

さきに、本集落においては、「よく働く」ことは農家として当然の行為であり、自明視されていたこと、そして人びとが口にする、働くとは農作業一般を指し、それは働く姿勢と農地の状態により判断されていたことを説明した。事故後は多くの人びとが離散状況にあるため、他者が働いている姿をみる機会はあまりない。しかし、農地が荒れてさえいなければ、手入れがされていることは分かるため、事故前同様に荒れていない田畑の様子を通して、事故後もなお人びとは自分を含めた集落の人間を、働き者だと認識している。

改めて述べるが、事故前においては働く姿勢にも人びとの視線が注がれていた。農家にとって〈集落における自己〉の姿を保つ上では、農地を荒らさないようにするだけでなく、働いている姿をみせることも重要であった。そのため、人びとは会を催したり話し合いをしたりしようとする自身を律しようとする。労働の合間に話し合うことに対して、他者の眼差しを気に掛けるのは、自身が働いていない姿を集落の他の農家にみられるのではないか、という考えによるところが大きいのである。

とはいえ、事故後は農地の状態のみで、元農家は農地の所有者が〈よく働く人〉だとみなしている。さらに事故前には、草を伸ばしていると笑われるといった会話が、人びとの間でされていた。このようにみると、事故前も農地が荒れてさえいなければ、農家にとって支障はないように思える。

にもかかわらず、なぜ集落の農家は働く姿勢にも重きをおいていたのであろうか。「昔は（農家はみな）一日中働いていた」というNさんの息子の語りからは、かつての集落ではより働く姿勢が重要であったことが窺える。次節では、Nさんの息子が述べる集落の〈昔〉に焦点をあて、人びとが働く姿勢にも重きをおいていた理由を考えていく。

四―三　半世紀前の競争意識

本章が扱う集落の〈昔〉とは、半世紀前にあたる一九六五年頃を指す[10]。当時の集落の農家は、働くことに対して競争意識をもっていた。聞き取りによれば、農家は早朝（四時）から日が暮れる（一九時）まで活動していた。そこには隣よりも早く働きたい、できるだけ長く働いていたいといった思惑があったとSさんは述べる。Sさん自身は他地域の出身であるため、なぜここまで働くのかと嫁いできた当初、困惑を隠し切れなかった。Gさんは「昔はご飯を食べる時間があるなら働いていた」といい、またNさんの息子も当時の農家は苗を植えることひとつでも競争していたと具体的なエピソードをあげてくれた。

こうした競争意識は、ときとして他者の農地に手をかける、具体的には土地の境界に作物を植えたり境界の印である杭を移動したり土手を削ったりすることにもつながっていた。境界線にせりだしてくる行為に対して、農家は夜間に他者の目をかいくぐって、杭を元に戻していた。ここでまず押さえておきたいのは、ほとんどの農家が耕地で三アール・田圃で一ヘクタールほど有しており、多い農家の場合では耕地で三アール・田圃で五ヘクタール以上となっている点である。つまり、他者の農地に手をかけるほどに、農地に適した土地が少なかったわけではなかった。農地に手をかけられた経験があるSさんは、この行為についてあくまで競争意識によるものだと捉えている。また、「今は荒らしても問題ないが、昔は荒らしてでもしたら誰かにもっていかれた」と説明する。

注目したいのは、人びとが自らの農地にせりだしてこられても、何もいわない点である。正確にいえば、〝いえない〟のである。Sさんは「いじられても面と向かって何もいえないよ、直接見たわけじゃないからね」と述べ、さらに「いじる人はすごく働き者で、そこは評価できる」と続ける。その結果、隣近所よりも働かないといけない考えがより強くなるのだという。このようにみると、人びとが何もいえない背景には、直接現場をみていないことと相手への称賛が関係していることが分かる。分かりやすくいえば、相手よりも働いていないからせりだしてこられても、その現場にいられないのであり、結果相手は自分よりも熱心な働き者として理解される。労働量でみた場合、自分よりも相手の方が多く働いているため、こちらに非があると考え、何もいえない。だからこそ、個人の対応としてはより働こうという考えになる。すなわち、自分よりも相手の方が働いているという劣等感があるため、自らの私有地にせりだしてこられても、発言することに対して負い目を感じ、何もいえなくなってしまう。

以上を踏まえると、農家が朝早くから夜まで働こうとするのは、朝から夜まで土地に手をかけられる可能性があり、それを防ぐため、あるいはかけられても反論するためという目的もあったと考えられる。つまり、農地という土地の権利は、個人所有の土地ではなく、働きかけの濃淡によって決められることが分かる。

さらに、何もいえない背景には家の存在も関係している。農地に手をかけられた際、「家のなかで話すことはあっても、けっして外には出さない」とSさんは述べる。家のなかでは、手をかけられやすい場所やその時間帯、農地のなかでも荒れやすい場所を姑などから教えられ、注意を払うようにいわれていた。家単位においても、こちらに非があると認めた上で対応しているのである。家単位において、何もいわないのであれば、家の構成員である個人は何もいえないだろう。このようにみると、働く姿勢が欠如することで農地に手をかけられるのではなく、農地に手をかけられることで、農家は働く姿勢の欠如を自覚させられるといえる。農地に手をかけられることは、自らの労働量が劣っていることを自ら認めさせられることである点を踏まえると、農地に手をかけられることとは人びとにとって恥ずかしいことであった。人びとは恥をかかないために、周囲の農家との労働量の差を埋めようとする。あるいは働いている姿をより長く他者にみせようとする。その結果、農家は働く姿勢に重きをおき、農地の権利を帰属させるようになったと考えられる。

競争意識があったからこそ、少しでも働かないと周囲を基準に、自己に対して劣等感が生まれていた。この劣等感が負い目として作用することで、農地をとられることを、人びとは納得していたことになる。働かないことに対する、劣等感および負い目は、農家が抱く恥の意識の由来である。すなわち、農地を荒らすとは、自らが働いていないことの表れであり、それは周囲の農家との労働量の差を自覚させられる事態であったと考えられるのである[11]。とはいえ、上記はあくまで半世紀前の話であって、現在においてもまったく同じ様相がみられるわけではない。働いている者の世代交代をきっかけに競争意識は弱まっている。そのため、働いている姿を他者にみせなくとも、農地の状態のみで問題はなくなっている。競争意識が弱まるとともに、働いていなければ境界線がせりだしてこられる危機感もみられなくなっている。一方で、恥の感情は今でも残っている。現在でも人びとは、農地を荒らすことを恥ずかしいと口にしているからである。

五　関係回復の論理

以上を踏まえると、農地を手入れすること／農地を荒らすことについて、次の点が指摘できる。すなわち、農地を手入れして荒らさずにいれば、よく働く集落の農家たちと同じ立場にいられ、反対に農地を荒らした場合は、それは自らが働いていないことの表れであり、そのため周囲の農家と対等ではいられなくなるということである。つまり、元農家が口にする「恥ずかしい」という言葉の背景には、これからも周囲の人びとと、これまで通り対等で居続けたいという考えが深く関係している。

本章では、原発被災地において、人びとが生産活動をしないと決めた農地に対して、事故後も継続的に働きかける論理について考察してきた。元農家は、農地を荒らすことを恥ずかしいとする

「恥の意識」に基づいて活動していた。先行研究においてみられた、農地は先祖から預かり子孫へ渡すものという〝つなぐ〟意識で、各人が農地を荒らさないようにしている点は、本書が対象としている人びとにも当てはまる。

しかし、それだけではないことを、本書が対象とした人びとは示している。農地の手入れを主に担う人びとは、彼ら彼女らが農作業をはじめてから、あるいは嫁いできたときから、現在に至るまでの暮らしのなかで身につけた、農地を荒らすことを恥とする考えに沿って動いている。それは事故前から今日まで連続している。農地へ働きかけて農地をきれいに維持することで、人びとは事故後も、事故前と同じように周囲の農家と対等で居続けることができる。このように考えるなら、事故後において農地へ働きかけることは、事故前の社会関係を取り戻す行為になっていると考えられよう。本章では、こうした関係性が取り戻されていくことを〝関係回復の論理〟と呼ぶことにする。

本章の分析を踏まえると、元農家は集落における社会関係を維持するために、一年間農地と関わり続けているように思われるかもしれない。しかし、人びとは年間を通して、農地と関わっているわけではない。つまり、農地と関わらない期間も存在する。これまで労働量の差や劣等感（負い目）などを説明してきたが、農地と関わらない期間があるとはどういうことなのだろうか。この点について、次章で検討していく。

第四章

事故前のように振る舞う人びと

なぜ原発事故以前と同じ周期で農地と関わるのか

写真⑧　冬を前に土を耕された田圃（2015年10月27日　筆者撮影）

三章の冒頭で手入れのされている田圃の写真を提示したが、上の写真はその撮影後に元農家がトラクターを使い土を耕した田圃になる。つまり、三章で提示した田圃と同じ田圃である。

筆者は調査地に通い、手入れがされた綺麗な農地を見てきたが、土を耕した後の農地は一段と綺麗であった。田圃の所有者に話を聞くと、基本的には草を刈ったり除草剤を撒いたりしているが、毎年冬を前に丁寧に土を耕すという。そして、冬の期間は手入れをしないと説明してくれた。さらに、話を聞いていると、季節ごとにわずかではあるが手入れの仕方や時間に違いがあった。

本章では、農繁期にあたる期間に農地の手入れがなされ、農閑期にあたる期間には行われない理由を明らかにする。これまでみてきたように、事故後も人びとは農地への働きかけを続けている。けれども、それは年間を通して行われてはいない。なぜ、このようなリズムを刻む必要があるのだろうか。ここには三章でみてきた「働く」や「競争意識」とは異なる理由が存在していた。本章では、かつて集落で起こった「産廃問題」に焦点をあて検討していく。

一　原発事故以前と同じ周期で行われる農地との関わり

一―一　事故以前と同じ周期

本集落でみられる、原発事故後の元農家による農地への働きかけは、けっして適当に行われているわけではない。事故以前と同じ形で行われている。

たとえば、Nさんの息子夫婦は、毎年春先になると農具の準備をはじめ、トラクターで畑を耕そうとする。Sさんは夏には気温のことを考慮し、朝日が上がる前の早朝あるいは日が暮れた夕方に農地に生えた草を刈るなど精力的に活動している。Gさんは農地の手入れに対して強い思いをもっているが、一方で冬の時期になると活動は一切行っていない。このように事故後において農業を行うことがなくなったにもかかわらず、元農家が行う農地の手入れは農繁期に行われ、農閑期には行われていない。周期については元農家の言動からも垣間見える。たとえば、筆者が春先に調査に行き元農家に集落全体の手入れの状況を聞くと、「本格的な手入れはまだはじまってないよ」とか「急に暖かくなっているから、草が生えているし、そろそろ手入れがはじまる」と返答される。また、秋の終わり（十月末）に話を聞きにいくと、この時期に手入れをすれば来年の春まで手入れをしなくても問題ないと答える元農家もみられた。

田圃に限定した場合、農地と関わる周期は事故前のそれと酷似している。あたかも、そこで農業を行っているかのように、春先になると準備をはじめ、夏になると朝日が上がる前ないし日が暮れた後に活動を行い、冬になるとほとんど農地と関わりをもたなくなる、このようなリズムを刻み続けている。もはや、生産の意味が失われた今、このような生活習慣を続ける意味はあるのだろうか。この疑問を追求することは、結果として事故後の避難指示によって集落に住むことができなくなった人びとが、再び集落の人間になるとはどのようなことなのかを浮かび上がらせた。

以上を踏まえ、本章ではなぜ元農家が事故後も同じ周期で農地へ働きかけるのか、その理由を考える。考えるにあたり、本事例地でかつて起きた産廃問題に注目した。なぜなら、この産廃問題も人びとが農地と関わる上で、多大な影響を事故前から事故後にかけて与え続けているからである。具体的にいえば、前章で述べた「他者の眼差し」の存在は、単に恥の意識につながるだけではなく、産廃問題という規模としてはより大きいところにも転換していく。産廃問題は、農家の農地をめぐる従来の意識に変化を与え、人びとが農地と関わる上での大きな要因となっていた。

以上を踏まえ、次項ではまず「他者の眼差し」の存在により、土地への働きかけが行われることを指摘した研究について確認していく。

一—二　権利論に基づいた農地との関わり

社会学には、土地への働きかけから人びととの生活の論理に迫る研究がある。社会関係における権利を維持するための行為として捉える研究である（川本 一九八三：藤村 一九九四、二〇〇六：鳥越

一九九七；武中二〇〇六；木村二〇一六）。

この研究は、働きかけを行う人間を単なる個人ではなく、地域社会における個人の行動という枠組みで分析している研究といえる。たとえば、藤村美穂は琵琶湖岩熊での研究のなかで、働きかけが強ければ、その間は働きかけている者に対して、その土地の帰属が地域内で容認されると述べる（藤村 一九九四）。また、鳥越皓之は「土地は原理的には労働を投下した者（あるいは組織体）の所有（占有）となる」（鳥越 一九九七：54）と述べている。いわば、私的所有が法に基づく承認ではなく、自然に対する働きかけを前提としているのである。さらに、川本彰は「ムラにおける発言権の大小は、領域内土地所有の大小によっており」（川本 一九八三：13）と指摘するように、土地への働きかけはときとして話し合いの場での発言権の大小にも関わっている。

以上をみると、土地への働きかけが地域の社会関係、土地の所有権や土地への発言権に還元されていることが分かる。さらに、藤村は阿蘇の草原の事例のなかで、土地をめぐる人びとの発言力の根拠について「具体的な働きかけがほとんどない現在において、過去の働きかけの記憶（蓄積）が、発言力の根拠としてクローズアップされてくる」（藤村 二〇〇六：120）と述べ、土地への働きかけがあまりみられなくなったとしても、社会関係における権利については、過去の働きかけを根拠に主張できる点を指摘している。藤村が扱った阿蘇の事例は、働きかけた記憶も社会関係（発言権）に還元されることを提示したといえよう。

本章もこれらの先行研究に多くを負っている。しかしながら、本事例にみられる働きかけが周期を行っているため、季節の周期に合わせて農地と関わる必要がある。対して、本事例では生産活動は行われておらず、単に農地の荒廃を防ぐためであれば、周期的に働きかけなくとも農地が荒れることはない。このようにみると、あえて人びとは周期的に働きかけることを受け入れていると考えることができる。それはなぜか。本章の議論は、上記の問いに答える形となっている。

以上を踏まえ、本章では事故後も人びとが周期的な農地に対する働きかけを継続していることに対して、経験論からの接近を試みる。本章で用いる経験論とは、環境社会学のなかの生活環境主義にみられるもので（古川 二〇〇四）、これは「ある人がなぜそう行為するのか、その根源にある経験を見ようとする特徴をもつ」（金子 二〇一五：107）。経験論を用いる理由として、元農家の活動が過去の経験に裏打ちされたものだと考えられるからである。本章では、過去の経験のうち具体的には、さきに述べた本集落でかつて起きた産廃問題に焦点をあてる。

以下、なぜ人びとが事故後もそれ以前と同じ周期で、農地へ働きかけるのかを、人びとが経験した産廃問題に着目し明らかにしていこう。

二　地域のイニシアティブをめぐる実践

二―一　産廃問題の概要とその位置づけ

現在はかつてに比べて農家の間にみられた競争意識は弱まり、農地への働きかけがなければ自分の私有地がどうなるのかという危機感はみられなくなり、対して恥の意識についてはなお存在していることは、前章で指摘した。ただし、正確にいえば、恥の意識にくわえて、農地への働きかけがなければ自分の私有地がどうなってしまうのかという、不安感を人びとに抱かせる農地が、集落に一部ではあるものの存在している。すなわち、元農家が農地と関わるのは、農地を荒らすと恥ずかしいからという理由にくわえて、さらに別の理由がある。

では、人びとに不安感をもたせる農地とは、どの農地のことなのか。図4を用いつつ説明しよう。その農地とは集落の堤周辺の二〇km圏外に存在する田圃のことを指している。人びとは、その農地を事故前から意識的に活用していた。なぜなら、活用している光景を「賛成派」にみてもらう必要があったからだと、人びとは説明する。唐突に出てきたが、「賛成派」とは、かつて本集落で起こったゴミの産廃問題において、施設の受け入れに対し、肯定的な姿勢を示した人びとを指す。つまり、事故前から行われていた農地の手入れには、恥の意識だけでなく、産廃問題も深く関係している。では、集落で起こった産廃問題とは、どのような問題だったのか、以下説明していこう。

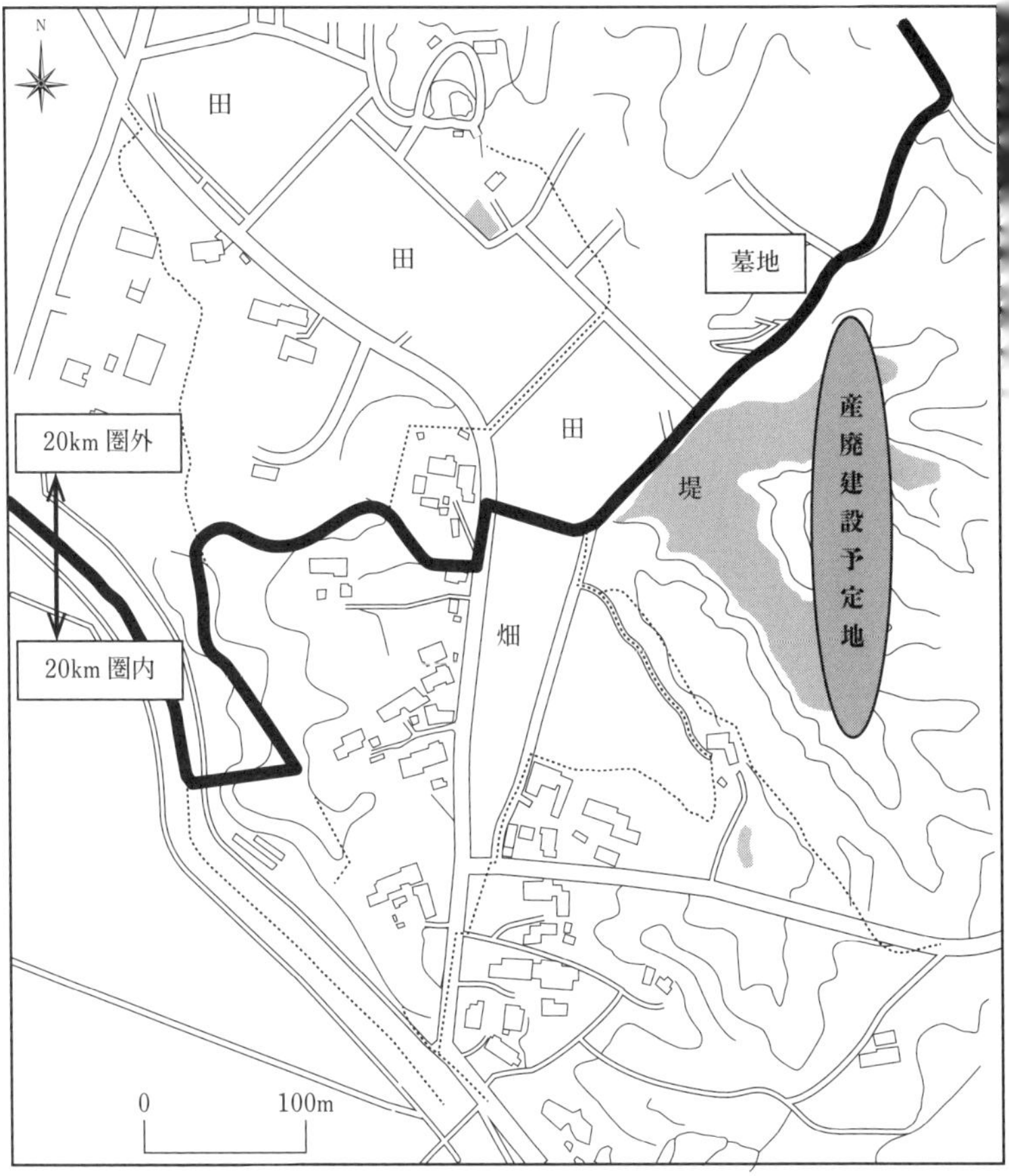

図4　産業廃棄物処理施設の建設予定地
（出所）原子力災害対策本部事務局住民安全班作資料より筆者作成

産廃問題は、一九九〇年代半ばに、集落に産業廃棄物を処理する施設の建設をめぐって生じた問題である。施設は堤近辺に建設される予定であった。賛成派は五世帯、反対派はS、N、Gさんを含めた一五世帯であった。人びとは、一人の集落住民から唐突に施設の建設案について説明された。当初は皆建設について深く考えていなかったため、納得した人のなかには自分の土地を譲渡する契約を結び押印した者もいた。しかし、その後いくら時間が経過しても、何が持ち込まれるのかが分からない状況が続き、次第に建設案に対して不信感が募るようになったと、反対派の人びとは当時を振り返る。そして、健康面への不安などから明確に反対の声を上げることになった。しかし、一度納得し押印したため、反対派の意見が簡単に通ることはなかった。こうして「建設案を説明した世帯にくわえその世帯の分家四世帯からなる五世帯の賛成派」と「それに反対した一五世帯の反対派」という対立構図が集落に生まれ、以降二〇年以上にわたる両派の対立関係がはじまった。

両派の論争は激しく、集落にある堤にも手がくわえられ（堤が建設予定地に隣接していることから）、その結果堤全体の三分の一が消滅する事態も起こった[12]。また、堤の水が勝手に抜かれ市の役人や警察を呼ぶこともあった。一方で、集落で行われる祭礼には両派とも参加し、気まずい空気が流れていた時期もあった。そして、集落は震災が起こる二年前に両派で完全に分裂することになる。具体的には、賛成派から反対派に対して文書による通達があり、賛成派の五世帯が集落から抜けることになった。そこには集落の付き合いから抜け、集落の集まりや祭礼に参加しないことが含意されている。他にも水利組合も抜けることになっていた。賛成派が抜けて以降は、集落で論争は起こら

写真⑨　3分の1が消滅した堤（2019年3月15日　筆者撮影）

なくなった。論争の契機である処分場建設についてては、震災の発生から数年後に裁判により建設中止が決まった。とはいえ、両派はいまだ和解しておらず、対立関係は依然として続いている。

堤周辺の農地を、人びと（反対派）が意識的に活用していたのは、産廃施設の建設過程において、水源である堤に手をかけられないようにするため、および、かけられたとしても農地の状態や働きかけを根拠に反論を行うためであった。事実、事故前において、堤周辺の農地を活用していた反対派八世帯のうち、一世帯が事情により農地を活用できなくなった際に、代わりにNさんの家がその農地を活用する形で対応をとっていた。それほどまでに、堤周辺の農地の活用は、反対派にとって、農地への働きかけを集合的に示す上で重要なことなのである。

産廃問題をめぐる人びとの活動から、働きかける意志と行為は、自分たちの農地がどうなってしまうのかという危機感と不安の裏返しであることが分かる。産廃問題は、対象となる農地が限定的ではあるものの、農地に対する危機感を、再び人びとに想起させる出来事であった。想起された危機感は、建設中止決定後も継続されている。中止が決まったにもかかわらず、なぜ人びとはその後も危機感をもち続けているのだろうか。この点を次項で考えていく。

二―二　地域のイニシアティブ

前項では、産廃問題をめぐる両派の争いが激しいものであったことを確認した。けれども、産廃施設の建設中止が決まっていないなかでも、正確には事故が起きるまでの二年間は、両派による論争はなく、集落には平穏が保たれていた。論争が収まった要因として、両派の集落に対する関わり方があげられる。

賛成派は、集落から抜けたことで集落の人間ではなくなった。これにより祭りや集落の会に参加することがなくなった。とはいえ、すべての行事に参加しなくなったわけではない。一部の行事には、集落を抜けて以降も参加している。たとえば、集落には「盆道刈り」と呼ばれる行事がある。これは毎年八月のお盆の時期に、墓地へと続く道の草刈りをする行事である。賛成派は、この行事に曜日をズラして参加している。また、事故前は集落内の清掃活動もあったが、これについても賛

写真⑩　墓地への続く盆道（墓地（左奥））
（2019年2月28日　筆者撮影）

成派は時間をズラして、かつ賛成派の自宅周辺のみを行っていた（震災後は反対派が行わなくなり、それに続くように賛成派も行わなくなった）。こうした点について、反対派は看過している。過去に警察沙汰にまで発展した論争を起こした両者が、このように少なくとも表面上は何の問題を起こすことなく、平穏な生活を送っていた。では、なぜ論争が激しかったにもかかわらず、平穏が保たれていたのであろうか。

平穏が保たれていた理由として、主導権の存在をあげることができる。本項でいう主導権とは、集落に関わる行事や集まりなどに対するものである。たとえば、祭りの実行、集落に関する説明会への参加、そこでの発言、盆道刈りや清掃などを今までの風習に従って決まった曜日・時間に行うこと、田圃を行う際の堤の利用などがあげられる。反対派は、今まで通り行っているのに対し、賛成派は説明会に参加しなければ、集落の行事についても曜日や時間をズラしており、田圃を行う場合も、堤の水を使うことなく井戸の水を活用している。集落に関する主導権でみると、賛成派はそれを放棄しており、一方で反対派はそれをしっかりと握っている状況なのである。そして、このように集落のイニシアティブを反対派が主導していたことにより、平穏が保たれていたと考えられるのである。

顔を合わせれば口論になっていたと住民は口にする。だからこそ、賛成派があらゆる組織を抜けたこと、盆道刈りや清掃の時間をあえてズラしていたことなどを踏まえると、賛成派は意識的に反対派と関わらないようにしているといえる。つまり、賛成派の行動は、意識的に反対派との接触を避けることで、未然に口論になることを防いでいた。一方で、反対派からみると、主導権を握るということは、集落の人間とそうではない者とを区別する根拠といえるものであった。さらに、集落に脅威をもたらした者ではなく、集落を脅威から守った者が、今後も集落と主体的に関わっていくことができるということを意味するものであった。見方を変えれば、集落を揺るがした論争に勝った証ともいえよう。

ただし、本書で取り上げた集落の歴史を踏まえると、主導権の所在は農地への働きかけを続けなければ、潜在的には覆される可能性があることも触れなければならない。だからこそ、反対派の人びとは、ときに連携する形で農地を活用していた。いずれにしても、集落に関わることについての主導権を反対派が握っているということは、自分たちが賛成派に対して優位な立場であることを示すものであった。このことが賛成派に対する感情を緩和することにも寄与していた。したがって、集落の主導権の有無は、平穏を保つ上で大きな役割を果たしていたと考えられる。

二—三　原発事故が両派に与えた影響

潜在的な力関係の逆転のリスクが表面化したのが原発事故であった。事故は集落の力関係に変化を与えた。原発事故による居住制限が、偶然にも反対派のみに作用しているため、力が弱められたのである。具体的にいえば、居住が制限されている二〇km圏内に反対派の家々が集まっているのに対し、賛成派の家々は居住可能な二〇km圏外に集まっている。その結果、Sさんを含めた数世帯を除き、反対派は集落で生活することができず、一方で賛成派は今まで通りの生活を続けることが可能となった。表面上は、一時的とはいえ反対派は集落の人間ではいられなくなった。

その影響が垣間見える例として、原発の除染廃棄物の仮置き場建設に関する説明会の場での賛成派の発言がある。二〇一五年のはじめに、集落近辺に仮置き場を建設する案が提示されたのであるが、その際産廃問題において当時賛成派であった数世帯が反対し、建設決定がもちこされる事態が起こった[13]。また、同年秋には賛成派が堤の水を引く事態も起こった。本来、賛成派は水利組合を抜けているため、堤の水を使用することはできず、当然水を抜くことは震災前にはみられなかった。他にも、神社の会費を集まる際の揉め事もあげられる。賛成派が集落を抜ける際、唯一抜けられない組織が神社・お寺に関する組織であった。なぜなら、いずれも地区単位のものであるため、集落単位の組織のように抜けられなかったのである。内容については、輪番制で毎年役員になった世帯が金銭を集落内の世帯から収集し、収集した金銭を神社・お寺に渡すというものである。今までは反対派の側で役員がいたため問題なく行われてきたが、賛成派の側に役員が回るようになり問題が発生した。賛成派が金銭を賛成派と反対派で別々に集めようと言い出してきたのである。しかし、別々に集めることは、今までの風習に反するものであるため、反対派が受け入れることはなかった。

こうした賛成派の行動について、Sさんは反対派が集落に住んでいないためだと考えている。ここで大きな役割をもつのが農地への働きかけとなる。なぜなら、農地を荒らしていなければ、反対派は自分たちが定期的に集落に通っていることを、すなわち自分たちの存在を間接的に賛成派に伝えることができるからである。三章でも述べたが、農地が荒れているようにみえても、集落の人間であれば、たとえば除草剤をいつ撒いたかなど手入れの痕跡を感じとることができる。住民は堤周辺の農地を荒らしていたら、賛成派に何をされるか分からないと述べる。以上を踏まえると、建設中止決定後も農地への働きかけがなければ、私有地がどうなってしまうのかという危機感が、人びとのなかから消えないのは、原発災害下において反対派が賛成派から集落のイニシアティブを取り戻そうとしているからだと考えられる。このようにみると、原発事故は産廃問題により、再び想起された農地に対する危機感をより強くする形になったといえよう。

三　農地との関わりにおける日常の生活規範

三―一　農地と関わらない期間

このように農地に対する危機感をより強くしているからこそ、人びとは避難しているなかでも、可能な限り集落に通い、農地の手入れを行おうとする。それは自分の恥の意識と自分たちの領土意識、この双方に基づく「他者の眼差し」の存在からのものであることが分かる。

しかしながら、農閑期にあたる十月末から三月末の期間には、反対派による農地の手入れは行われていない。仮設住宅で暮らす人びとにとって、農地を手入れすることは、集落に通う目的のひとつとなっていた。もちろん、手入れ以外にも自宅の片づけなど目的は他にもあるが、農閑期には農地の手入れが行われないことから、避難生活を余儀なくされている反対派が集落を訪れる頻度は大きく下がる。農閑期には気温などの関係で雑草が生えにくく、農地が荒れることはないと人びとは知っているため、この期間には農地の手入れが行われない。

とはいえ、反対派の言動を踏まえると、事故により集落での暮らしが許されなくなったからこそ、事故前よりも農地を手入れする重要性が増したといえる。産廃問題が終結後も両派の関係は修復しておらず、反対派にとって賛成派は同じ集落の人間として、全面的に信頼することは難しいためである。だからこそ、農繁期にあたる期間には、仮設住宅から集落へ通い農地の手入れを行っている。

にもかかわらず、あくまで農閑期には何もせず、農地に足を運ぶこともしない。賛成派も反対派が手入れを行っていない期間には、何ら行動を起こしていない。

少なくとも、農閑期の間は反対派の緊張が緩くなっているといえる。それはなぜなのだろうか。以上の問いを考えるにあたって、再び五〇年前の農地と人の関係に着目する。

三―二　貫徹される生活規範

三章において、半世紀前の集落では、少しでも農地と関わる形で働いていなければ、いつ他者から農地に手をかけられても分からない状況下で、人びとが働いていたことを説明した。このことだけをみると、働くこと、つまり農地へ働きかける行為自体が重要に思える。それゆえ、集落の農家は、常に何らかの形で農地と関わっていなければならないように思える。しかし、彼ら彼女らにも農地との関わりがみられない期間が存在した。

本集落では、シュンギクを栽培していたことから、農家が年間を通して働いていたことは、本事例地の概要を説明する際に言及した。しかしながら、聞き取りによれば本集落でシュンギクが扱われたのは、一九八〇年代に入ってからのことであった。つまり、それ以前は農閑期が存在していた。農閑期には、人びとは土木作業に出たり春からの農作業の準備をしたりしていた。この期間においては、農家が農地に足を運ぶことはほとんどなく、また農地に手をかけられることもなかった。

注目したいのは、農閑期においては農地に手がかけられていない点である。Sさんは「冬は土地

写真⑪　手入れがされなくても荒れない冬の田圃
（2016年1月7日　筆者撮影）

がいじられない確信のようなものはあった」と説明する。農地に手をかけられるのは、農作業がはじまる春からであった。もし、冬の期間に農地に手をかけられたらどうなるか、と筆者が尋ねると「大変なことになるよ」とSさんは答える。こうした農閑期の話を聞くと、人びとの農地との関わりに関する考えが、農繁期と農閑期で分けられていることが分かる。前者は作物栽培や農地の荒廃の観点からみても、農地へ働きかけることに意味がある期間といえる。対して、後者は同様の観点からみると、農地へ働きかけることに意味がない期間となる。いわば、意味の有無により、考えが分けられているといえよう。

このように農地に手をかけようとする側とかけられる側、両者が共通の認識枠組みをもっているため、農閑期においては農地への働きかけがなくとも、境界線をせりだしてこられることはない。森合集落では働きかける行為自体ではなく、それを支える共通の認識枠組みに基づくことが重要だと考えられる。半世紀以上前から連綿と存在してきた、農地への働きかけに関する共通の認識枠組みは、産廃問題により集落が分裂した後でも、人びとのなかに存在している。すなわち、賛成派／反対派双方共通の認識枠組みが、原発災害後においても貫徹されているがゆえに、反対派は冬の期間には避難先から通おうとはしないのである。

四　当事者性の維持

このようにみると、農地へ働きかける行為は、それを行う人びとを集落の利害関係者にしていることが分かる。三章で示した恥の場合、農地を荒らしていると他者から悪く思われる（働き者ではないとみなされる）のではないかと農家は懸念を抱いていた。よって、農家は懸命に農地を荒らさないように努める。さらに、本章で確認した産廃問題の場合、農地を荒らしていたら自身の農地が産廃問題の賛成派に何をされるか分からない懸念があった。だからこそ、農地の手入れをしていれば、賛成派の言動を抑えられると人びとは考える。いわば、過去の実践ないし経験に裏打ちされた活動が、産廃問題そして原発事故が生じて以降も続けられているといえよう。

したがって、農地への働きかけを行っている者は、その限りにおいて集落における利害関係者である当該問題について関心を抱き続けることになる。森合という当該地域の関与主体になり続けることができる。こうした当事者性を維持することは、集落の住民として、賛成派も含めて他者から承認されて初めて成り立つ。押さえておきたいことは、働きかけを行うことそれ自体、つまり利害関係者であることが当事者性を担保しているわけではない点である。農閑期にあえて何もしないことも人びとにとって重要となる。農家が農閑期に活動しないことは、農地の生産価値を踏まえれば当然の光景である。けれども、本事例地では、皆一様に農業から離脱しているため、生産価値を前提に考えることはできない。ここでは生産価値ではなく、働きかけに関する共通の認識枠組みが前提にある。実際、原発事故後に賛成派が堤から水を抜いた出来事は、農繁期にあたる期間に起こっていた。一方で、農閑期にあたる期間には、反対派による農地への働きかけが行われていないが、同時に賛成派も何ら行動を起こしていない。

もし、農閑期に農地を手入れしても周囲からは、集落の住民とは思われず、むしろ困惑あるいは疑問を感じられかねない。だからこそ、農閑期には誰も行動を起こそうとしない。ここに直接的な利害関係をも超えた、集落の人間であることとの共通の不文律の存在が確認できる。この暗黙知に即して行為することで、当事者であることは担保される。すなわち、集落単位という共通認識のもとで働きかける／働きかけないという、事故前の生活実践とそのリズムに沿わせることに意味があるのであって、そのなかに利害関係もあるに過ぎないのである。

このように人びとは、事故後も事故前と同じ時間の世界を経験している。正確にいえば、人びとが共通認識のもとで活動することにより、変わることのない時間の世界が存在できるといえよう。なぜなら、人びとが作り出す循環的な営みと季節循環とが関係し合うことで、当該地域社会に循環的な時間世界が存在できるためである（内山［二〇一一］二〇一四）。哲学者である内山節は、「この時間は、他者によってつくられることもないし、自己によって生みだされることもない。互いに関係しあう主体が創造するもの」（内山［二〇一一］二〇一四：三三）と主張している。集落の人びとからみれば、事故後も農地へ働きかけることは、あくまで過去からの連続に過ぎない。だからこそ、人びとは生産活動ができないなかでも、農地を手入れすることに対して違和感を覚えることはない。

以上を踏まえると、人びとが事故前と同じ周期で農地へ働きかけを続けるのは、その限りにおいて集落の当事者でいられるからだと考えられる。注意したいのは、人びとは当事者になろうとして、働きかけを行っているわけではない点である。本章で主張したいのは、集落住民としての当事者性を担保する社会的意義が、人びとの活動には含まれているということである。

五　再定住の論理

以上をまとめると、農地へ働きかける社会的意味とは、人びとが当該地域の「住民になる」ための再帰的繰り返しの行為と捉えることができる。このように考えるなら、季節ごとに農繁期と農閑期を刻んで農地へ働きかける／働きかけないことは、事故により住むことがままならなくなった集落でも、なお在住の当事者であることを自覚し、さらに集落の他者に対して相互認知し合う効果を伴った行為になっていると考えられよう。本章では、こうした当事者性が維持されることを〝再定住の論理〟と呼ぶことにする。

本章において重要なのは、集落にみられる共通の認識枠組みのなかに、時間の存在を見出した点にある。内山は上野村でみられる、村人が行う釣りを事例に、村人と時間の関係について次のように述べている。「村人の釣りは、昼間の時間から夜の時間へとむかう時間の流れのなかで展開する」（内山［二〇一二］二〇一四：196）。それゆえ、「休暇をとって釣りにくる人々がそうであるように、私も一日中釣り竿をふっていた。そして、そうであるかぎり、私は村人ではなく、釣り客」（内山［二〇一二］二〇一四：195－196）なのである。すなわち、本事例をも踏まえた場合、当該地域の時間に沿うことが、そこの「住民になる」、つまり再定住の論理と位置づけることができるのである。

以上を踏まえると、本事例でみられた元農家による農地へ働きかける行為には、集落における当事者（集落住民）になるという社会的意義が含まれていることになろう。当該地域の住民であるからこそ、農地をめぐる土地の権利意識も分有される。従来の研究では、生産することができないなかでも、あえて周期に沿って農地に働きかけることの説明まではできなかった。本章によれば、それは農地に関する土地の権利、つまり所有権や発言権などを正当に作動させる方法と捉えることができる。当該地域で暮らす者として当然の行為だと互いに納得すれば、働きかけにより権利が発生し、また反対に働きかけなくとも権利は発生する。周期（時間）に沿った働きかけにより、当該地域の住民でいられ、そのなかに社会関係における権利も存在している。

前章および本章の分析を踏まえると、元農家による農地への働きかけという行為は、農地の外観維持を目的としているといえる。肥料を投入しない・除草剤を散布する・草が生えたら刈る・土が固くなったら耕す、こうした活動をみると人びとが述べる「荒らさないための手入れ」とは、あくまで農地の外観を維持することに主眼をおいていると考えられるからである。農地の外観を保つことは、手入れの痕跡を集落の他者に示すことであり、これにより元農家同士の間で恥をかくことなく、また集落の当事者性を得ることにもなる。しかし、調査を進めていくなかで「荒らさないための手入れ」が、単に農地の外観維持を目的としているわけではないことがみえてきた。つまり、農地の外観維持以外にも人びとの活動には目的がある。それは何か。この点について、次章で検討していく。

第五章

農業を〝やらない〟人びと

なぜ原発事故以後に再び農地に対して主体性を獲得できたのか

写真⑫　定期的に手入れをされている畑
（2018年6月7日　筆者撮影）

上の写真は、事故前までシュンギクをはじめさまざまな作物が栽培されていた畑である。

こうした使われていない農地を調査にいく度にいつも見ながら、筆者はまず元農家の農地を手入れする姿に、次に事故前と同じ周期で活動する姿に疑問をもち調査を行ってきた。そして、集落での調査をはじめてから数年が経った頃、筆者はまた新しい疑問をもつようになった。それは集落の農家が農地に対して主体性をもちはじめていることであった。ここでいう主体性とは、自らの意思ないし判断に基づく行動を指している。事故の影響により、人びとは農業をやめたが、それは主体性と呼ぶには程遠いものだった。すなわち、やめざるをえなかったのであり、いわば原発事故に対し従属的にならざるをえなかった。人びとは農業を「できない」と口にしていた。しかし、調査を進めていくなかで、人びとは農業を「やらない・しない」と話すようになった。できないには自分の意思や判断が入る余地はないが、やらない（しない）は明らかに自らの意思や判断によるものである。なぜ、こうした変化が生じたのだろうか。

本章では、「農地」の状態に着目し、元農家が原発事故後に再び農地に対し主体性を獲得できた理由を明らかにしていく。以上の過程のなかで、元農家が述べる「荒らさないための手入れ」のいまひとつの目的も明らかにする。

一　農地に対する主体性

調査を開始した当初の二〇一五年、「畑のシュンギクもやらないというよりはできない」と元農家が筆者に説明してくれたように、人びとは放射線への懸念や堤の水の汚染などを理由に農業はできないと述べていた。それから継続的に集落に入り元農家への聞き取りをしていたが、調査をはじめて数年が経った頃、資料を見返している際にある疑問をもった。

事故から五年が経過した二〇一六年頃から、自宅周辺の小さな農地で自家消費を目的とした野菜栽培をする人が集落でみられるようになった。野菜栽培している人に、ハウスや田圃で再開することはないかと改めて筆者が尋ねると、「自分と家族の分なのでやる必要がない」とか「家周辺で十分だから」と答えが返ってくる。たしかに、筆者の問いかけに対する解答は至極当然のものである。しかしながら、ここで注目したいのは、「農作物を食べる家族の人数」と「収穫される農作物の量」という、いわゆる合理性の点ではない。そうではなく、事故当初は農業が「できない」と人びとからみなされていた農地が、時間の経過とともに「やる必要がない（＝必要があればやる）」農地に変化している点にある。すなわち、事故の影響で農業が「できない」から自分たちの判断で農業を「やらない」へ、元農家のなかには農業に対する考え方が変化しつつある人がいる。元農家は主体性をもって判断しつつある。こうした変化はなぜ生じたのだろうか。

本章では、働きかけられる側である「農地」に着目し、なぜ元農家が原発事故後に再び農地に対し主体性を獲得できたのかを明らかにしていく。具体的には、以下の順に考えていく。まず、本書が対象とする人びとが行う農地への働きかけと従来の研究でみられた働きかけとの相違点を提示する。次に、相違点に基づいて、人びとが手入れをしている農地の状態について考察する。以上を踏まえ、最後に農地の状態をもとに、元農家が再び主体性を獲得できた理由について明らかにする。

二　本研究と従来の研究との差異

二―一　社会関係に基づいた農地との関わり

本集落でみられる農地への働きかけは、他者の存在、つまり集落における社会関係を前提に行われている。したがって、当該農地で生産活動ができるか否かは、人びとが農地に働きかける理由には関わってこない。では、従来の研究において、社会関係と生産活動はどのように考えられてきたのだろうか。

当該地域における社会関係を踏まえ、土地への働きかけという行為を分析してきた従来の研究では、人びとは土地から「もの（作物など）」を得ることを目的に動いていた（川本 一九八三：岩本 一九八五：藤村 一九九六：鳥越 一九九七）。そして、活動の結果として当該地域における社会関係や権利が生成・維持されていると考えられていた。土地の所有権や土地への発言権が、その例としてあげられる。あくまで、人びとは生産活動を主たる目的として動いているのであって、社会関係や権利の生成・維持は、その結果論であった。従来の研究では、人が農地と関わる理由という点において、生産活動とはいわば土台にあるものであり、その上に社会関係が成立していた。したがって、この場合生活における生産活動の重要性・必要性が薄れたとき、それに比例する形で土地と関わる頻度も少なくなり、結果生産活動という行為を前提に成り立っていた社会関係は希薄なものとなり、権利も消失してしまう。

しかし、本書が対象としている集落の場合、三章および四章でみたように元農家は集落の人びとの関係維持や当事者性の担保のために、農地への働きかけを行っている。生産活動の可否ではなく、集落における社会関係や権利に基づいて人びとは動いている。したがって、たとえ原発事故により、農地で生産活動ができなくなったとしても、農地との関わりがなくなることはない。それゆえ、社会関係にも変化は生じない。こうした農地との関わり方は、事故によって生じた特異な現象ではない。元農家が「生産のための手入れと荒らさないための手入れがある」と述べるように、事故前から存在していた。Sさんは、事故前の田圃の手入れについて「荒らさないための手入れは、生産のための手入れと重なっていた」という。いわば、事故前は生産活動が行われていたがゆえに、みえづらかった荒らさないための手入れが、事故によって人びとが生産活動をやめたことで、明確にみえるようになったといえる。注目したいのは、元農家の活動が生産活動の可否を前提にするのではなく、社会関係を前提にしていることにある。既存の研究を踏まえると、ここからみえてくるものがある。以下、説明していこう。

二―二　存続と消滅の間

鳥越皓之は、自身の著書のなかで自然を三つに分類している（鳥越 二〇〇三）。一つ目は「原生的自然」、二つ目は「使われた自然」、三つ目は「愛でられた自然」である。では、鳥越の三分類に基づいたとき、生産活動の可否ではなく社会関係を前提に、人びとから手入れをされている本事例地の田畑は、どれに分類されるのだろうか。事故前においては、田畑は「使われた自然」であることは当然である。重要なのは、事故後においてはどうなるのかという点にある。事故を契機に、田畑は生産を目的として活用されていないため「使われた自然」とはいえない。とはいえ、人の手がくわわっていることから「原生的自然」でもない。では、「愛でられた自然」に分類できるのだろうか。これまでみてきたように、人びとは田畑を愛でているからではなく、義務に近い形で関わっている。つまり、三つの分類のどれにも属していない。

本事例地における田畑の位置づけを考えるために、人間と自然の関係についての三つの形態を本項では用いる（鳥越 二〇〇二）。鳥越は、自然を「エコシステム」、人間社会を「社会システム」とした上で、両者の関係を三つの形態に分けている。ひとつは、両者が離れ、間に緩衝地帯があるものになる。たとえば、白神山地や知床半島などがあげられる。いまひとつは、両者が部分的に重なり合っているものになる。重なっている箇所は、利用しながらも自然を守るゾーンとなっている。

たとえば、里山などがそれにあたる。最後に、両者が重なり合っているものになる。鳥越によれば、これは融合しているわけではないという。社会システムが基本で、エコシステムは補助的な役割を果たしていると説明している。例として、農地や牧草地がある（鳥越二〇〇一）。

以上の三形態を踏まえると、まず例としてもあげられているが、田畑は農地であるため、両者が重なり合っている形態に分類される。そして重要なのは、本事例地の場合エコシステムが社会システムと同化しつつある点にある。事故後においては、人と人の関係を保つために、農地との関係が制御されているからである。半世紀以上前から事故後の現在に至るまで、農地はその家の象徴のようなものとして、人びとから考えられている。つまり、エコシステムと社会システムが融合しつつある。したがって、本事例地における農地は、きわめて社会性を強く持ち合わせた自然であり、「社会的自然」に近い存在といえる。

こうした背景から農地との関わりは、当該地域社会の考え方に大きく左右される。「土が固くなったら耕す」や「草が生えたら刈る」といった、本事例地で確認される農地への最低限度とも呼べる関わり方は、当該集落の慣習に沿って合理的に手入れがされていることを指す。植田今日子は、農地が自然に還ることを、「遡及」という表現を用いて説明している（植田二〇一六）。植田の表現を借りれば、本事例地では人びとが農地に手をくわえ続けることで、農地の外観を保つことは、農地が完全に自然に還る「遡及」に抗っている状態といえよう。

以上を踏まえ、ある想定をする。もし人びとが農地の手入れをやめ、農地が遡及して自然に還った場合、それは農地が農地ではなくなること（農地の消滅）を意味する。一方で、事故前のように従来通りの手入れを行い、農地が今まで通り外観だけでなく生産力をも保っている場合、それは農地であり続けること（農地の存続）を意味する。このように考えたとき、本集落の農地が消滅と存続、そのどちらにも属していない状態、いわば中間の状態であることが分かる。では、こうした農地の状態から何がいえるのかを、次項で考えていく。

三　生産力の存在

三―一　潜在的な生産力

集落の農家が生産活動から離脱したことで、事故前まで頻繁に使われていた農地は、突如として使われることがなくなった。さらに、彼ら彼女らは再開の意志をもちあわせていない。それは生産活動に必要な農具を処分していること、農地に肥料を散布していないこと、反対に農地に除草剤を散布し続けていることからも分かる。

これにより農地がもつ生産力は大きく低下している。外部の人間がみたとき、もはや農地としての生産力がある（農地としての体裁が保たれている）とは言い難い状態に農地はある（ときとして草が生え農地としての外観も保っていないようにみえる時期もある）。元農家も農地としての外観は維持して

写真⑬　暖かくなり少しでも手入れがされないと草が生える畑
（2017年6月15日　筆者撮影）

いるものの、当該農地に対してはもはや生産力というものは見込んでいないように思える。しかしながら、実際は農地としての体裁が保たれていると元農家は考えている。フィールドワークをしていると、以下のような声が度々聞かれるからである。

「一度荒らした土地を使える状態までするのに一ヵ月くらいかかるが、それは常に手入れをすることよりも大変」
「農地が荒れるのはいや、（荒れた所を農地に戻す）作業が倍になるから」
「（農地の手入れを）少しずつやれば、後が（農業をするときが）楽でしょ」

元農家は再び農業をする際に、苦労がないようにと考えていることが以上から分かる。また、次のような声もしばしば聞かれる。

「(一部の土地は荒らしているが)その他は一応いつでも使える状態にしている」

「(集落の他の人の農地も)いつでも使える状況となっている」

「(春前の)今は(農地の手入れを)していないが続けている。(農地として)使える状態にしている」

「(手入れをしているので)農地は荒れていない。いつでも作れる状態にある」

たしかに、人びとが生産活動をやめたことによって、農地に肥料を入れることもなくなり、手入れをする頻度も事故前と比較すると大幅に落ちている。これにより農地がもつ生産力が大きく低下していることは間違いない。けれども、農業を再開しようとすれば、可能な状態に農地があると、人びとが認識していることが以上から分かる。ある元農家は、農地を手入れすることについて「財産の維持」と述べている。筆者が具体的にその言葉の真意について尋ねると、当該土地で農業ができるようにすることだと答えてくれた。繰り返しになるが、現実的には人びとが農業を再開することはない。それは農具を処分していることからも明らかである。けれども、それは当該農地における生産力が完全に失われたことを意味するわけではなかった。分かりやすくいえば、顕在的な生産力がないだけであって、潜在的には生産力は存在していると元農家は認識しているのである。

人びとにとって、農地の維持とは単に荒らさないようにすることではなく、潜在的な生産力を保つことに意味がある。再び農地として活用しようと人びとが考えれば、活用できる状態に農地を維持している。単に荒らすことを避けたいがゆえに、農地に手をくわえているのであれば、人びとは農地を存続と消滅の間の状態にせざるをえなかったといえる。けれども、元農家は生産活動をしようと思えば、活用できる状態に農地があると認識している。このような人びとの認識を前提にしたとき、次の解釈が可能になる。すなわち、元農家らは事故後において農地を存続と消滅の間の状態にしているという解釈である。

農地を荒らした場合、農業を行うには当然一度できる状態に戻さないといけない。反対に農地を荒らすことなく農地としての体裁を保っていれば、すぐに農業を行うことができる。差異は早い段階で実際に農業ができるか否かにある。ここに本項であげた元農家の「楽でしょ」という言葉の真意があると考えられる。

三―二　住民の主観からものを考える重要性

さきほど提示した畑に草が生えた写真は夏に差し掛かる期間のものであり、この期間に少しでも手入れを怠ると草が生えてしまうことを人びとは把握している。それゆえ、ある程度草が生えてしまうことは元農家にとって問題ではない。なぜなら、人びとは写真⑭であげた畑の状態に戻せると経験から分かっているからである。そして、写真⑭であげた畑の状態は、元農家にとって農業がで

写真⑭　冬は手入れをしなくても綺麗な畑
（2017年1月13日　筆者撮影）

きる状態を意味している。

三章および四章の議論を踏まえると、元農家が口にする「荒らさないための手入れ」とは、単なる見た目という農地としての外観を維持することを指していると考えられる。実際に、「草が生えたら刈る」や「土が固くなったら耕す」など、農地の見た目を保つ活動を人びとはとっている。また、農地には肥料が散布されていないだけでなく、除草剤の散布も行われている。そうすることにより、手入れの痕跡を集落住民に示し、人びとの言葉でいえば恥や産廃問題に対応している。しかし、本章を踏まえると、「荒らさないための手入れ」にはいまひとつの目的があるといえる。それは農地に生産力がある状態、つまり農地としての体裁を維持することである。実際に、ある元農家は自らが行う農地の手入れを財産の維持と表現している。他の元農家も農地が作れる状態にあると考えている。

ここで押さえておきたい点は、あくまで農業ができる状態＝農地としての体裁が保たれているという、元農家の考えは当事者の認識であるということである。すなわち、ここで重要なのは客観的に集落の農地の状態が、本当に生産活動が再開できる状態、早い段階で農業ができる状態にあるか否かという点ではない。そうではなく、人びとが再開できる状態にあると考えていることが、ここでは大切なのである。

こうした「人びとがそう考えていること」を調査・研究として扱うことについては、民俗学者である柳田国男が先駆けであるように思える。柳田は、ときに民俗学が河童や幽霊を対象としていることからもたれる民俗学に対する誤解について説明したときがあった。具体的には、オバケはいますかという問いに対し「これは民俗学の領域外」（柳田 一九八七：198）と述べ、昔オバケはいましたかという問いに対しては「これは民俗学の領域ではあるが、確かめがたい。こたへられるのは、有ると信ずる人がもとはあつたといふこと」（柳田 一九八七：198）と説明している。つまり、オバケの有無ではなく、オバケを信じた人びとがいることを民俗学ではみていくということである。この点はまぼろしについて説明する際にもみられる。

「まぼろしを説明することは、民俗学の範囲外である。精神病理の問題。まぼろしの結果をみてゆくこと。これは民俗学で扱ふ。まぼろしのあることは事実。これをみた人が言ふことも事実。

共同の幻覚がある。昔はさういふ人が多かつたことも事実。今でも土地によつて、さういふ人が多いことも事実。それらの事実だけはほぼ確かにいへる。数が多いといふだけも一つの証拠といへる」（柳田 一九八七：198－199）。

まぼろしもそれ自体ではなく、まぼろしを見た人を民俗学では対象とするとある。この点について民俗学者でもあり地理学者でもある千葉徳爾は、「初心の人にはこうした点はいつでも強調しておく必要がある」（千葉 一九八七：238）と同意している。実際に、千葉も動物が人と会話するという怪異譚《かいいたん》について、次のように述べている。

「ここでは馬や犬がものを言ったことが事実か否かは問うところではない。家畜がそのように言ったと思った、あるいはそう感じた人々があったという事実が重要なのである。つまり、彼らが苦しみ悲しむ姿をみて、もし人間と同じ心を持っていたら、そのように言うであろうと予感している人が、何人もそれを同じ心持で見守っていたということ、その時に馬や犬が哀れな声で鳴いたのを、こうも言うであろうと予期し、したがって心の耳にきいたと感じえたということが、おそらくは現象としては事実であったのであろう」（千葉 一九九五：169）

千葉も同様に怪異譚そのものではなく怪異譚が形成された背景、すなわち動物が言葉を話したと感じた人びとがいることの重要性を説いている。このように学問として「人びとがそう考えていること」を考察することは珍しいことではない。近年では、東日本大震災の被災地でタクシー運転手が経験した幽霊現象の研究もその一例といえる（工藤 二〇一六）。ここで先行研究を踏まえながら、人びとの主観から考えていくことの重要性を説明したことには理由がある。というのも、元農家の認識を前提に考えたとき、本章が検討している元農家が原発事故後に再び農地に対し主体性を獲得できた理由が浮かび上がってくるためである。

四　仮定的な予見

四―一　仮定的な短期予見

通常、予見とは現実性が高いものである。予見されたことは、現実的に実現する可能性が高い。第一章一節で確認した原発被災者が奪われた将来展望・先行き＝予見とは、現実的な予見といえる。つまり、自分が故郷で今後も住み続けることや当該土地で生業を営んでいくことが、現実的に大変困難となり、そこで暮らしていく展望を失った結果、被災者は今に固定されることになった。本事例地の人びとも、農業を再開し事故前の水準に戻すことは、現実的に不可能に近いと捉えている。けれども、そのなかでも人びとは自らが所有する農地が、農地としての体裁を維持していると考えている。ここには大きな意味がある。なぜなら、農地に潜在的でも生産力があると認識できることにより、現実的な予見とは異なる類の二つの予見を、人びとがもつことができるからである。以下、人びとの立場からみていこう。

農地が常に生産活動を再開できる状態にあることは、人びとが本格的に農業を行うと仮定した場合、いつでも農業ができる状態にあることを意味する。つまり、近い将来において自らが農業を行っている姿を、想定することができる。現実的な予見の場合、当人が仮定しなくとも成立する（見据えることができる）が、ここでの予見の場合は当人の仮定なしには成立しない（見据えることができない）。その点において現実的な予見とは異なる。

本章では、こうした予見が仮定の上で成り立ち、かつ時間軸としては直近のことを指していることを踏まえ、この予見を①〝仮定的な短期予見〟と呼ぶことにする。仮定的な短期予見は、農地に潜在的な生産力があると、人びとが認識できることではじめて成り立つ。なぜなら、農地が荒廃し農地ではなくなった場合、つまり潜在的な生産力も消失した状態では、いつでも再開できる状態にはなく、農業を再開しようという仮定ができなくなるからである。農地が生産活動を再開できる状態にあると、常に人びとから考えられているからこそ、「再開しようとすれば…」という仮定も可能になる。

四―二　仮定的な長期予見

人びとの認識、そして仮定に焦点をあてたとき、二つ目の予見がみえてくる。それは、いつかは農業ができるという類の予見である。たとえ、農地と関わっている当人＝本書が対象としている人びとに、農業を再開しようとする意欲が湧くことがなかったとしても、自分の子や孫が農業をすることを望めば、農業ができる状態に農地を維持している。つまり、遠い未来において、子孫が農業を行っている姿を想定することもできる。ある元農家が農地の手入れを財産の維持だと述べたことは、以上のことを指していると考えられる。

これは仮定の上で成り立ち、かつ時間軸としては間遠のことを指している予見であるため、本章ではこれを②〝仮定的な長期予見〟と呼ぶことにする。中川千草は、三重県の漁村を対象に現代の地域社会では、積極的で持続的な働きかけには収まらない自然との関わりがあると指摘する（中川二〇〇八）。一見すると、自然と関わる必要性がみえない行為であっても、そこには関わるだけの意味が人びとにはあることを、中川は示唆している。本事例によれば、それは仮定的な長期予見を保つための行為だと考えられよう。

また、藤村美穂は自然との関わりにおいて、動かないようにみえる人たちも時代をみつつ「待つ」対応をとっていると述べている（藤村二〇一五）が、人びとが「待つ」ことが可能なのは、先祖から受け継いだものを子孫に引き渡すことができるというイメージを、常にもてているからであろう。こうした「仮」の上で成り立つ予見が、「今」を暮らす人びとにとって、重要な要素となることを次項で説明していく。

四―三　反実仮想と仮定的な予見

上記では、仮定の上で成り立つ予見を〝仮定的な予見〟と呼んだが、仮定的な予見は「反実仮想」とは相反する作用をもつ。

反実仮想とは、「『もしも、Xならば、Yだろうに（現実はZだ）』といった、願望を込めた」（渡辺二〇一〇：208）想定のことを指す[14]。福島で起きた原発事故は、突如として施設の周辺地域で生活していた住民から居住地や生業を奪った。それゆえ、「もし原発事故が起きてなかったら…だった」と口にする被災者は少なくない。本事例地においても「もし原発事故が起きてなかったら、今でもみんな農業を続けていた」と元農家は述べている。つまり、本集落において、原発事故により生産活動ができなくなってしまった農地は、集落で農業を営んでいた元農家にとって反実仮想の対象であった。

押さえておきたい点は、反実仮想の場合、それを考える人は〈仮定する時点を過去に置いている〉ため、現在の状況を変えることはけっしてできない〉ことにある。「もし原発事故が起きてなかったら…」と、どんなに強く願ったとしても、原発事故が起きた事実がなくなることはない。しかし、上記で説明したように、元農家にとって農地は同時に仮定的な予見の対象でもあった。仮定的な予見の場合、それを考える人は〈仮定する時点を未来に置いているため、現在の状況は変えることができる〉ものとして、元農家は考えることができる。「もし本格的に農業を再開しようと思えば」、「もし農地を耕したら」、「もし農地への除草剤の散布をやめたら」、これらの仮想は実現しようとすれば実現可能だからである。

事故後、人びとは農業をやめることを選択しつつも農地の手入れを継続していた。これにより「いつでも作れる状態」に農地を置くことができていた。そして、これは元農家に仮定的な予見をもたせることにつながっていた。仮定的な予見は、反実仮想と相反する作用をもったため、少しずつ反実仮想を打ち消しつつある。すなわち、反実仮想が打ち消されつつあるために、元農家は事故後に再び農地に対して主体性を獲得できたと考えられる。元農家にとって、働きの場であった農地は現在何も栽培されていない。それでもそこはいつでも農業ができる場として人びとから想定されているのである。

五　仮定の論理

従来の研究と比較しても、本論が扱う集落の農地は特異な状態にある。農地が自然に還らないようにしつつも、人びとは当該農地では何も作っていない。耕作放棄地でもなければ事故前のような作物が栽培されている農地でもない。

中間状態の農地に注目したとき、浮かび上がるのは、集落の元農家の表現を借りれば、農地という財産を維持しようとする人びとの志向である。農地としての可能性を保っていくという考えが垣間見える。こうした人びとの志向は、農地への働きかけに関する研究でもみられる、いわば「〝つなぐ〟＝継承」と近いものと考えられる。ただし、本章では仮定的な予見をもとに考察するなど、従来の研究でみられた「〝つなぐ〟＝継承」とは異なる考えを提示した点で、従来の研究との違いもある。集落に帰還した元農家に作物の栽培について尋ねると、「何も作ってない。自家消費を含めてやる予定はない。やろうと思えばできるが…」と返答された。このように仮の上で成り立つ予見に注目し、考察を展開したことに本章の意義がある。

そして、仮の上で成り立つ予見は、原発事故により被災地となった集落で暮らす人びとにとって重要な意味をもつ。原発事故後、被災地では居住制限や生産制限といった、「…することができない」という強制を被災者は受けた。すなわち、被災者は受動的な立場を強いられることになった。とくに、現地再建を望む人びとは、行政の施策に従って動かざるをえない。本事例地の場合も、農地での生産活動は制限が設けられ、その上放射線への懸念もあり、生産活動を続けたいと考えてもできずにいた。しかしながら、仮定的な予見をもった人びとは、「やる必要がない」といったように、自らの自由意志で動いている。使われていない農地を対象としたとき、二〇一五年頃までは「できない」と口にしていた人びとが、二〇一六年に入った時期から「やらない」というように能動的に動いている。ここから仮定的な予見をもつことができた人びとが、受動的な立場から能動的な立場へ移行していることが分かる。すなわち、仮定的な予見をもつことができた結果、事故後の受動的な立場を抜け出すことができたと考えられる。

能動的な立場に移行することで、元農家は農地に対し主体性をもつことが可能になる。このように仮に定めることで、反実仮想を打ち消し従属的な立場から主体的な立場になることを、本章では〝仮定の論理〟と呼ぶことにする。仮定というものは現実の行動には現れない。けれども、こうした目にすることのできないところにも、人びとが自らの暮らしを立て直すための術が隠されている。その点を見出し、言葉として説明することにもフィールドワークの意義があるのではないだろうか。

終章

原発被災地で暮らす人びとからみえる生活再建の論理

一　原発被災地で暮らし続ける〝生活時間の仮構築の論理〟

本書では、原発事故後に確認される「災害前の日常性」に着目し、人びとがいかにして原発災害の影響下で生活を立て直してきたのかを検討してきた。

その理由は、原発事故が被災者からみれば未知の災害であったからである。未知であるがゆえに、被災者は事故に関する経験も知識もない。だからこそ、津波被害とは異なり原発事故によって、集落の単なる外観という点では何の変わりもなく物理的な損害が生じていないにもかかわらず、突如として住めなくなる事態は、原発被災者にとって不条理なものであった。しかし、こうした不条理に直面しているにもかかわらず、被災者のなかには故郷で生活を再建しようとし、再建を実現しつつある人びとがいる。そうした人びとを対象とし、なぜ当該地域で暮らしを立て直すことができているのかを、本書では検討してきた。人びとが原発被災地で暮らし続けることができる理由を、端的にいえば農地への働きかけを続けることによって、原発災害後の継続的な影響を打ち消すことができていたからだといえる。

まず、三章で確認したように、本書が対象とした人びとは、農地を手入れすることにより、事故後も恥をかくことなく隣近所の人びとと対等な関係で居られている。つまり、農地の手入れを続けることで、災害前の社会関係を取り戻している（関係回復の論理）。これは原発事故後の避難によって崩れた、人びとを取り巻く三つの次元のうちの、「固有の『誰か』として見られ聞かれる手応え」＝「関係の次元」への対応ができており、その回復がされていることを指している。ただし、こうした生産活動をやめた元農家が農地への働きかけを継続することは、災害後に現れた特異な現象ではない。なぜなら、農地を「荒らさないための働きかけ」は、災害前から存在していたからである。「荒らさないための働きかけ」は、事故前は生産活動が伴っていたがゆえに、生産のための手入れと重なっておりみえづらかったが、たしかに存在していた。すなわち、災害後も元農家が農地へ働きかけることは、あくまで災害前と連続した行為なのである。したがって、たとえ耕作がされていない農地であっても、荒らさないための手入れを行っている限りにおいて、集落の他者からは農地の所有者が〝働き者〟として認識され続ける。

次に、四章では人びとが農地の手入れを行っているとはいっても、それはけっして適当に働きかけているわけではなく、集落に流れる循環的な時間に自らの身体を沿わせる形で、農地の手入れを行っていることを指摘した。これにより、元農家は当該地域の住民で居続けることを可能にしている。元農家による農地への働きかけは、単に農地に働きかければよいというわけではない。重要なのは、事故以前と同じ周期で行うことにある。背景には、集落の成員共通の認識枠組みが関係している。元農家が季節ごとに農繁期と農閑期を刻んで農地へ働きかけることは、原発事故により住むことがままならなくなった集落でも、なお在住の当事者であることを自覚し、さらに集落の他者に対して相互認知し合う行為になっていた。すなわち、当該地域の時間に沿って農地の手入れを行うことによって、当該地域の住民に再びなることを可能にしている（再定住の論理）。このように農地への働きかけを継続することは、結果として当該地域の住民資格を保つことにつながっている。これは三つの次元のうちの、「当該地域で暮らす者としての時間感覚」＝「時間の次元」への対応ができており、その回復がされていることを指している。

最後に、五章では人びとが農地への働きかけを継続することで、農地それ自体の存続を可能性の領域で保っており、これにより人びとが再び農地に対して主体性を見出せたことを指摘した。農地として維持し続けることにより、人びとは二つの仮定的な予見をもつことができている。ひとつは「いつでも〜できる」という〝仮定的な短期予見〟、いまひとつは「いつかは〜できる」という〝仮定的な長期予見〟になる。ここであげる二つの予見は、予見する当人の仮定なしには成立しない。したがって、通常の予見とは区別し、本書ではこれを〝仮定的な予見〟と呼ぶことにした。仮定的な予見の重要な点は、予見する当事者が仮定することができるか否かにある。すなわち、人びとが農地の手入れを事故後も継続し、農地それ自体の存続を可能性の領域で保ち続けることは、仮定的な予見を生み出すことに寄与している。仮定することで生み出される予見は、反実仮想を打ち消し、人びとを従属的な考えから主体的な考えへと変化させつつある（仮定の論理）。これは手入れがされている農地がいつでも農業ができる状態にあると人びとから考えられている点において、「元通りの生活空間が取り戻せるイメージ」＝「空間の次元」への対応ができており、その回復がされていることを指している。

原発事故の発生後、農業ができないなか集落に綿々と流れる「荒らさないための手入れ」を元農家は行ってきた。人びとの言動をもとに分析してきた本書によれば、「荒らさないための手入れ」には、恥・当事者性・継承という三つの理屈が内包されている。それは事故後において、それぞれ関係回復・再定住・仮定という三つの論理へとつながっている。そして、三つの論理はそれぞれ事故により崩れた三つの次元の回復につながっている（図5）。

本書の議論を踏まえると、被災地で確認される「日常」を形成する力、すなわち「繰り返し」を支える力とは、次の三点を維持しようとすることにあると考えられる。第一に当該地域住民との社会関係、第二に当該地域の人間で居続けるための時間感覚、第三に将来の展望をもち続ける予見（仮定的な予見も含む）である。

以上を踏まえ、本書が目的に置いている「原発被災地で生活を立て直すための論」を導出していく。まず、注目したいのは、人びとの暮らしが事故前の水準には戻っていないにもかかわらず、三つの次元が回復されている点にある。農地を完全に復旧し農業を再開といった事故前の暮らしの再

【人びとの言動】		【言動の本質】		【事故後の世界】		【三つの次元】
働く・競争意識	➡	「恥」をかかないため	→	関係回復の論理	→	関係の次元
産廃問題	➡	「当事者性」を担保するため	→	再定住の論理	→	時間の次元
財産の維持	➡	「継承」していくため	→	仮定の論理	→	空間の次元

図5　本論の整理

筆者作成

構築がされていなくとも、三章・四章・五章で提示したように、関係の次元も時間の次元も空間の次元も回復されている。次に、注目したいのは、人びとの暮らしが事故前の水準には戻っていないとはいえ、五章で確認したようにそれは事故前の水準に戻らないことが確定しているわけでもない点にある。元に戻れることが含意されている。

元に戻ることを生活時間の再構築と呼ぶとするならば、彼ら彼女らの生活時間は再構築されているとはけっしていえない。また、暮らしの時間が新しく構築されているともいえない。正確にいえば、「元に戻ること」と「元に戻らないこと」の「中間」に人びとの生活はある。換言すれば、どちらにもなりうる「中間」にある。このように今の暮らしをどちらでもなく、またどちらにもなりうるという暫定的なものにすることで、事故によって崩れた三つの次元を回復させ、原発事故によって一度は奪われた予見を人びとは取り戻している。こうして本書が対象とした人びとは、今に固定されることなく予見をもって生活を営むことができている。このように自らの生活を、仮の状態におき暮らしを立て直していくことを、本書では〝生活時間の仮構築の論理〟と呼ぶことにする。

被災地の復興をめぐっては、「故郷イデオロギーが利用されている」との指摘がある。原発被災地の場合、事故による「直接的な実害がないこと」そして「間接的な実害があること」という原発災害の特徴があるため、津波被災地と比べると地域の復興が、より国から利用されやすい側面がある。以上を踏まえると、本書が対象としている元農家の行動、つまり元農家が農地への働きかけを続ける理由も、国から利用されているものに過ぎないようにみえてしまう。しかし、本書の知見に基づけば、元農家が行う農地への働きかけという行為は、国から利用されている空虚な営みではなく、彼ら彼女らが原発被災地となった地域で、再び暮らしを立て直すための重要な営みといえるのである。

二　本研究の知見に基づく原発被災者の生活再建に関する考察

本書において重要なのは、原発被災地で暮らす人びとのなかに、「仮」の存在を見出した点にある。一章でも説明したが、本書で用いている予見という言葉は、石岡丈昇の時間的予見の概念を前提に置いている（石岡 二〇二二）。時間的予見について、今後の暮らしをどう構想していくかという視点だと定義した石岡は、貧困世界で生きる人びとを対象に調査を行っている。石岡は、失業が貧困世界で生きる人びとの時間的予見を奪っていると考察している。人びとにとって、失業するということは、収入が得られないということであり、それは当面の暮らしをいつまで辛抱すればよいのかを考えられなくなる事態だからである。その場面で人びとは所帯分離という対応をとる。つまり、職を得て再び予見できるようになるまで妻子を帰村させて、職を得て当面の生活が問題なく営めるという予見が得られたとき、再び妻子を呼び寄せるのである（石岡 二〇二二）。

以上から、本書で用いてきた予見というキーワードが貧困問題を扱った研究から援用してきたことが分かるだろう。貧困研究に用いられている考えを災害研究に活用することに、違和感を抱く読者もいるかもしれない。なぜ、原発災害を扱った本書で予見の考えを用いたのか。その理由は、災害に遭った人びとも貧困に見舞われている人びとも、時間的予見が失われているという点で共通していると考えられたからである。そして、共通していることを生かし、考察の軸に置くことで、原発被災地で起こっていることをより鮮明に描き出せるのではないかと考えた。

石岡が扱った事例では、失業により予見することができない期間があった。本書に基づけば、この期間の暮らしは仮の状態であったということになろう。このように考えるなら、たとえ職がなかった期間でも、それは一切予見することができなかった期間ではなく、職を得て家族を戻すこと、すなわち時間的予見を獲得できることを、仮定のもと予見できていたのではないかと考えられる。石岡が対象とした失業によって予見することができなくなった人びととは、原発災害に遭い将来展望をもてなくなった被災者と重なる。

では、原発被災者の暮らしの復旧・復興はどのような状況にあるのか。そもそも、復旧とは元に戻ることを指し、また復興とは元の状態よりもよい状態にすることを一般的には指している。こうした復旧・復興の考え方に基づけば、原発被災地ではいずれも達成されているとは言い難い状況にある。本書が対象とした地域も例外ではない。皆農業をやめ、大部分の農地では何も作られることがなくなったからである。しかし、これまでみてきた関係の次元・時間の次元・空間の次元それぞれの回復、それに伴う時間的予見の再獲得という点を踏まえると、たとえ仮の状態であったとしても、仮は現在の暮らしを成り立たせる上で重要な位置づけにあると考えられる。

そして、以上の知見は「元に戻る/元に戻らない」という二元論から一度距離をとるという、原発災害へのひとつの対処のあり方を示唆している。事故により設けられた制限や風評被害、被災者が抱える放射線への懸念など、事故後の原発被災地の状況を踏まえたとき、たとえ住み慣れた地域に戻ることができたとしても、被災者が事故前の元の暮らしを取り戻すには多くの時間を要する。新しい地域に移住することを決めた人びとにも同様のことが指摘できる。災害に見舞われた地域を対象とした研究のなかには、「時間によって空間を再構築できないか」という議論ないし主張がある。たとえば、植田による「時間の継承」という概念(植田 二〇一六)や今井による移動するむら(今井 二〇一四)が例としてあげられる。また、トム・ギルも福島県の飯館村の調査から類似した指摘をしている(ギル 二〇一三)。

トム・ギルは、調査をした対象者が「愛しているのは人間の共同体である。その共同体を別の場所にでも保存することは無理だったのだろうか。この山、この森、この土でなければいけないのか」(ギル 二〇一三:235)と述べている。この指摘については、植田の考えを用いると、より分かりやすい。ダム建設や災害により住み慣れた地域を去ることを、植田は当該地域の人びとが「空間の継承」を諦めると表現する(植田 二〇一六)。それでも、代替地にて、以前の地域に存在していた規範や秩序などを再現することについて、それを「時間の継承」と表現している。すなわち、「多くの移転を強いられた集落の人びとは、『空間の継承』を諦めつつ、人びとの経験に裏づけられた『時間の継承』だけは、かろうじて絶やすまいとしていた」(植田 二〇一六:277)のである。

以上の知見を踏まえると、たしかにトム・ギルが述べるように、「空間の継承」に無理にこだわる必要はなく、植田が指摘するように「時間の継承」がなされれば、一見問題はないように思える。しかしながら、原発災害によって甚大な被害を受け、その上放射線への懸念を被災者が抱えるなかで、彼ら彼女らが住み慣れた地域ではない別な場所で、事故前の元の時間を取り戻すことは、きわめて困難といえる。たとえ不可能ではないにしても、多くの時間を要することには変わりはない。

本書の知見に基づけば、こうした状況で効果を発揮するのが仮の力となる。仮の状態を生活のなかに作り出し、そこに自らの身を置くことで、復興が完了するまでの猶予期間（モラトリアム）を被災者自身が生み出すことができるからである。これは原発災害という未知の災害のなかで、再び暮らし直すためのひとつの対処となりうる。以上が本書における、人びとが原発被災地となった地域で暮らし直すための論理である。

補遺❶

事故後の人びとの動向

――事故前の暮らしを踏まえて

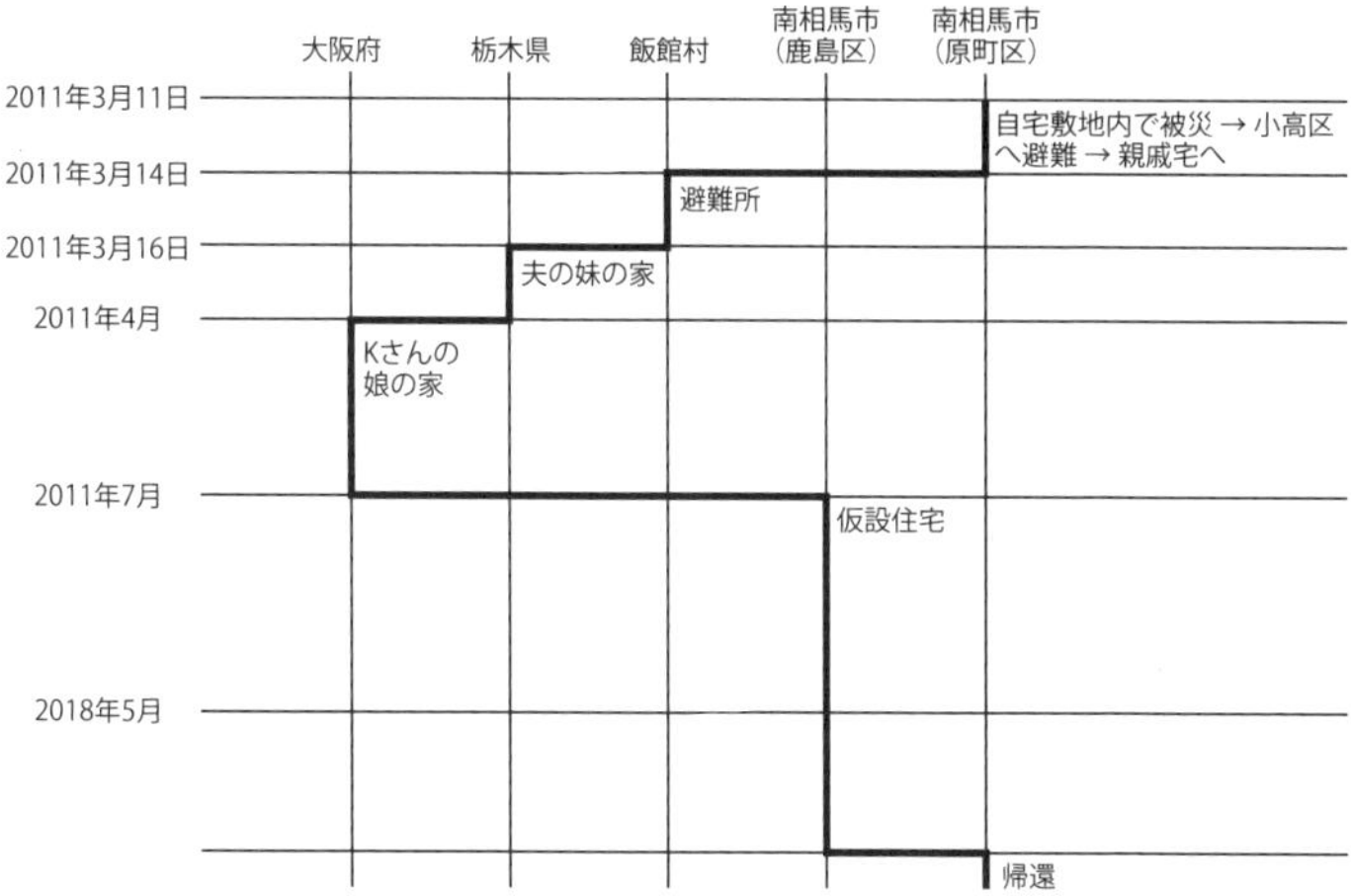

図6　集落住民の避難過程

（森久聡作成の図表（原発災害・避難年表　編集委員会2018）を参考に筆者作成）

上の図は、これから取り上げるKさん（世帯番号[3]）の避難から帰還までの過程を図示したものである。言葉ではなく、図に表すと改めて人びとが事故後に点々と移動していたことが分かる。Kさんだけでなく、筆者が聞き取りを行った集落の他の人も同様であった。突然、住み慣れた地域を追われ、長期間同じ場所に滞在すらできない日々を、人びとが余儀なくされていたことを図は表している。

以上を踏まえ、ここでは避難していた際の人びとの行動や考えを記述していく。事故が発生したとき、人びとはどこにいて、何を思ったのか、何を考え避難していたのか、こうした点は図だけでは知ることはできないからである。具体的には、補遺❶では本論で取り上げられなかった元農家二名の避難から帰還までの過程を描いていく。これは二章であげた「避難から帰還までの過程」と重なるが、ここでは事故前の暮らしも記述することで、当事者の思いや行動の背景にある考えをできるだけ提示したいと考えている。以上の作業を通して、本論で提示できていなかった事柄、すなわち農地への働きかけという行為が事故後の人びとにもたらしていた別の意義について提示したい。

概要

ここでは本論で詳しく扱えなかった元農家二名の事故後の動向を記述する。以上を通して、事故の発生時や避難時における人びとの思いや考えを掬い取り、本論が提示した農地に関する集落の論理が事故後も脈々と流れ続けていたこと、そしてそれが事故後の人びとにもたらす影響について記述していく。

一　Kさんの事例：世帯番号[3]

事故前の概況

まず、Kさんについて取り上げる。Kさんは、他の集落の出身で一九歳のときに森合に嫁いできた。Kさんに聞き取りをしていても、森合では当時休みなく皆働いていたと回想する。ただ、「農地も多くあったため、よく働くとは思った」といい、Kさんの出身地域でも森合と同じように働いていたことからショックはなかったという。

Kさんの家では、事故前は主にシュンギクとコメを栽培していた。どちらも販売を目的にしており、コメについては二〇〇俵ほどとれていた。その他に自家消費目的で野菜を栽培していた。基本的にシュンギクとその他の野菜についてはKさんが担当していた。Kさんの夫は、田圃を担当するとともに、畑を耕したりナイロンを張ったりする際にKさんを手伝っていた。他に田圃や畑の草を刈る役割も担っていた。Kさんの家では、すべての農地を活用していた。農業における収入は生活を支える上で大きかった。

震災当日から帰還までの流れ

当時、Kさんは家前の納屋でシュンギクの袋詰めの作業をしていた。袋詰めをしているときに地震に遭遇した。揺れが収まると、袋に入れるシュンギクが足りなくなりハウスへとりに向かった。その後、津波をみることになる。Kさんの家は、津波被害はなかったものの、津波を家の玄関からみたというほど近い距離まで津波は来ていた。Kさんにとって、津波をみたことははじめてのことであった。「真っ白かと思ったらすぐに黒い水がきた」と当時のことを説明してくれた。津波により家自体には被害はなかったが、六号線の手前まできた。Kさんの家が所有する田圃が海水に浸かった。その後、南相馬市小高区にある息子の嫁の家に電気と水が通っていたため、そこへ向かい一泊することになった。翌日、一緒に避難した夫が家に帰るといったことから一二日に自宅に戻った。事故のことを知ったのはその日のことで、人伝えで知ったという。午後から騒がしくなり人がいなくなっていき、夕方には誰もいなくなっていた。

夕方まで自宅にいたKさんだが、夫とともに避難することになる（後にKさんの自宅と農地およびハウスは二〇km圏内に入ることになる）。まず、Kさんの兄が住む南相馬市原町区に向かいそこで二泊した。次に、嫁の姪がいる飯館村に避難した。そこでは入浴はしたものの泊まることはなく、避難所に向かい避難所の体育館で二泊した。その後、夫の妹がいる栃木に向かい二〇日滞在した。その後は、Kさんの娘が住む大阪にバスで向かった。大阪には三か月ほど滞在した。そして、夏に南相馬市鹿島区の仮設に入居し、そこで帰還する二〇一八年五月まで生活していた。帰還することに迷いはなかったと説明してくれた。

農業からの撤退と農地の手入れ

避難期間のはじめ（一年半）は、立ち入りが制限されていたため、農地の手入れはできていなかった。集落に入れないとき、「やっぱり他では（農地の手入れ）やってんだなぁ、おらいは手入れできていないなぁ」と思っていた。避難している間に農業をやめることを決めたものの、Kさんは「農地のことが気になっていたけど、入れなくてできなかった」と当時を振り返る。手入れの意欲があるため、立ち入りが可能になると、すぐに農地へ向かった。長期間手入れがされなかった農地は草が生い茂っていた。そうした農地をKさんは、朝七時から昼過ぎまで手入れをした。当時について「気持ちも身体も若かったので朝から無理して働いた」と説明してくれた。具体的には、剪定ハサミを使い伸びきった草を刈っていた。朝から活動していたが、それでも三〜四日かかったという。ひと段落すると、除草剤を撒いた。

その後もKさんは、仮設から二〇分ほどかけて集落まで通い朝仕事をしていた。朝に活動している点について「朝仕事ははかいく」と説明してくれた。二〇一七年にハウスの骨組みが撤去された後は、年一～二回の頻度でトラクターを使い土を耕している。Kさんの家では、基本的に除草剤を撒くという対応を取っている。したがって、農地は荒れることなく、いつでも作れる状態にあると説明する。農地の手入れは現在、息子が担当している。草刈りについては一～二時間・土をうなうのは三〇分・除草剤の散布は一～二時間要するが、二〇一七年頃まではKさんが以上の作業を担っていた。作業に集中するあまり、ときにSさんやNさんの息子から「その辺で…」と止められたこともあった。

手入れをする理由を尋ねると、「土地を荒らすと笑われるといわれていた」ためと答えてくれた。また、筆者が尋ねると、昔は農地の手入れをしないと杭を移動されることはあったといい、だから朝から晩まで働いていたという。昔は文字通り土地を守るイメージで手入れをしていたが、事故後は土地を守るとは荒らさないようにすることであり、それは作物を作れるように維持することだと違いを説明してくれた。続けて、農地を荒らすと作れる状態まで戻すことが大変だからと説明された。生産することなく、単に手入れを行うことに対して筆者が心情を聞くと、「感情はない。農地を貸せば荒れなくて済む。荒らしたくないから手入れをする」と本論で取り上げた三世帯同様の声が聞かれた。Kさんからみても、集落の農地は手入れされているという。

ときに無理をしてまで農地を手入れするKさんだが、Kさんの家も農業をやめている。補償の存在をあげつつ作っても売れないことを、農業をやめた理由としてKさんはあげた。また、再開の意志もないため、農具もトラクター以外処分した。田植え機械・コンバイン・乾燥機・種まき機などを処分したという。トラクターを残したのは、農地を手入れするために必要だからである。仮設では、プランターで自家消費の野菜を作っていた。この点について「自分たちの分以外は要らない」という。帰還後の栽培については、野菜などは買って食べているので何も作っておらず、やろうと思えばできるが、自家消費を含めて今後栽培する予定はないと説明してくれた。

二 Fさんの事例：世帯番号[5]

事故前の概況

次に、Fさんを取り上げる。聞き取りをしていると、Fさんは多くのことを丁寧に説明してくれた。それゆえ、Kさんよりも文章量がやや多くなるが、冗長にならないように努める。

聞き取りの場にはFさんと妻が同席していた。Fさんは集落で生まれ育ち、妻は他集落から本集落に嫁いできた。集落農家の働きぶりについて筆者が尋ねると、Fさんは普通といったのに対し、妻は「働く、働くよぉ、半端じゃない」という。Fさんの妻の言葉は、嫁いできた五〇年前のことだけではなく、シュンギクを栽培しているときのことも話していたので、ここから事故前も集落の人びとがよく働いていたことが窺える。シュンギク栽培により農閑期がないため、集落の農家は年中働き通しであった。この点についてFさんは、「カイコをしていたから働き者になった」と説明してくれた。五〇年前のことをもう少し聞くと、苗などの競争意識はすごく、休む暇がない、サボる暇がないほどだったと説明する。また、Fさんの妻は「土地を荒らすと笑われると、おばあちゃん（姑）にいわれていた」といい、「笑われないようにしろといわれていた」という。Fさんによれば、昔から集落で荒れた土地をみたことがなく、事故後も集落に荒れた土地はないという。それに対して妻が「森合の人は働き者だから」と付け加えた。

事故前の農業は、農協に出していた（販売目的）のはコメとシュンギクで、他に自家消費でネギ、オクラ、タマネギなどの野菜を作っていた。農業は家の経済を支える存在で、夫婦二人で作業していた。田圃は約一町五反、耕地は約五反所有していた。このうち一部の土地を除いてほとんどすべての農地を活用していたが、大変と思ったことはないという。活用していなかった一部の土地とは、三反ほどの農地でほとんど活用していないため、草が生え耕作放棄地のようになっている。「ちょっとサツマイモを植えたくらいで、全体の五分の一くらい使用した。正直、植えるものがない」とFさんは説明する。そこはもともと段々の桑畑であった。カイコをやめる直前に基盤整備により平らにした土地で、人目には触れにくい場所であった。トラクターで草を刈っても広いため三時間、手動の草刈り機の場合は四〜五日はかかるという。活用していなかった理由として、桑畑では農業がやりづらいことをFさんはあげた。他にも桑畑はあったが、そこは地目変更で山にしていた。

震災当日から帰還まで

Ｆさんの妻は、二日後に控えたＦさんの父の一周忌の準備のため、市内の店に買い物に向かう途中で地震に遭った。自宅にはＦさんの母が一人でいたため、すぐに引き返して自宅に戻った。Ｆさんの母にケガはなかった。Ｆさんも市内に出かけていた。外に出たら電柱が大きく揺れていたという。Ｆさんが自宅へ戻ったとき、すでに津波が襲来しており、隣の集落が水浸しになっていた。Ｆさんは津波を確認していたため、自宅の二階に避難するよう妻と母にいった。二軒隣まで水が来ていた。集落の近くに川があり、津波はその川を遡上していた。速さは相当早かったと振り返る。Ｆさんは津波の経験はなかったが、すぐに自分が目にしたものが津波と分かったという。津波が収まると、Ｆさんは他集落の知人宅へ向かった。知人が一人暮らしで心配であったからである。その際、Ｆさんが自宅へ戻るときに使った道路は冠水していた。場所によっては、国道六号線を越えた所もあった。Ｆさんは、浸水した道路を回避して知人宅へ向かった（知人は無事であった）。その後再び自宅に戻り、ロウソクとストーブで暖をとった。そうしていると、夕方に防災無線から炊き出しなどの食料の要請があったことから、夜に二回、市にご飯をもっていった。水もコメもガスもあったため、食に困ることはなかった。水については、井戸水があったため問題はなかった（あとの検査で放射線量も問題なかった）。三月一二日も自宅で待機していた。

原発事故を知ったのは、震災から二日後で人伝であった。集落の人にいわれて避難することになった。あまりに急なことであったので、ひとまず妻の姉の家がある南相馬市の石神という地域へ向かい三泊した。Fさんは、自宅が二〇km圏に入ると知ったときは「すぐに帰ってこれるもんだと思っていた」といい、四～五年も帰れないとは思ってもみなかったと当時の心境を説明してくれた。したがって、避難の際に服や下着ももっていかなかった。その後、Fさんの友人がいる会津へ行き三日泊まった。次に、喜多方市の体育館に二〇日間滞在し、その後自宅の電気が復旧したため一度自宅に戻った。自宅には四～五日滞在していたが、翌日から二〇km圏内は立ち入りが禁止されると市の職員にいわれたことから、福島市にあるホテルに電話してそこへ避難しようとした。ホテルから住民票を送るように指示されたため、市に連絡を取り、市からホテルに渡してもらいホテルへ向かった。ただし、ホテルへ向かう前に東電の職員と話（賠償などの話）をつけてから向かったため、福島市に着いたのは市の職員からいわれた次の日の夜であった。この点について詳しく聞くと、Fさんが自分で調べて職員に連絡を取り、自宅に呼んだという。次の日に職員がFさんの自宅を訪ねて、賠償（見舞金）の話をつけてから避難した。

ホテルには半年ほど滞在していた。滞在中に「いつ帰れるのだろうかと、ふと思った」という。九月と十月は飯坂にあるホテルに移動し滞在していた。その後、二〇一一年十一月三日に南相馬市鹿島区にある仮設住宅に入居した。二〇km圏の解除の予定がないため、家の近くにいこうと思い、Fさんは鹿島の仮設を希望していた。自分たち以外にも集落の人がいたという。集落から車で二〇分の距離にある仮設に約六年暮らし、二〇一七年六月に帰還した。帰還については迷いがなかったという。

農業からの撤退と農地の手入れ

立ち入りができるようになるまでの一年半は、二〇km圏については何もできなかった。Fさんは立ち入りが可能になるまでの間、土地や家のことなどが気になっていた。立ち入りが可能になり一年半ぶりに入ると、農地は荒れており、荒れた土地の手入れは大変だったと振り返る。仮設から集落に通いはじめたのは二〇一三年の春からで、土をうなわないで草を刈る形であったという。震災の翌年にトラクターに付ける草刈り機械を購入していた。

帰還して以降、除草剤の散布は屋敷周りだけにしているが、それは二〇分程度で終わるため大変とは思わないという。田圃はほとんどを貸しているが、貸していない田圃は毎年五月〜六月の間、八月上旬、九月下旬と年三回、トラクターや手動の機械を使い草を刈っている。「事故後からそんな感じ」とFさんは説明する。畑は貸していないので、同じくトラクターや手動の機械を使い、草を刈っている。畑については年二回実施している。この点も「大変とは思わない」といい、「だから続けられる」という。仮設住宅から集落に通うことも同じであると説明してくれた。

市による農地の保全については、話は聞かず作業賃の存在も知らないという。また、賠償金の条件に農地の保全は入っていない。それでも手入れをする理由について、土地を荒らしたくないという思いがあり、土地が荒れることに抵抗があるためだと説明する。農地の手入れは、Fさんにとって「洗濯や家の掃除と同じこと」だという。農閑期の時期に調査にいくと、「今はしていないが(農地の手入れは)続けている」といい、また農地について尋ねると「使える状態にしている。財産の維持とは、農業をできるようにする」ことだと説明してくれた。一度農地を荒らした場合、そこを使えるのに時間がかかるという。そのため、常に手入れをする方が楽だとFさんは考えている。また、Fさんは「やることがないことほどつらいものはない、避難中でも単に食べるだけ、寝るだけはつらい」と説明してくれた。

農業の再開について

農業再開の意欲は「これぽっちもない」とFさんはいう。避難当初は農業をやめる気はなかった。しかし、農業ができない期間が一年程度であれば二年目から再開もあったという。一年ずつできない期間が伸びていったため、そのなかで意欲がなくなっていったと説明する。

それでも荒らしていたら困るという理由から、田畑の手入れ(草刈りと除草剤を撒くこと)は続けている。手入れは別とFさんは述べる。Fさんは、淡々と「草刈りは草があるからやる。草が生えてくるからやるのであって、だから冬は何もしない。無駄な抵抗はしない」と説明する。これは省力化するという意味で、手入れの回数を少なくすればトラクターの刃は長持ちするといい、田圃は維持するだけなのでコストは抑えていると述べる。最低限の手入れについて義務に近いと述べる。言い換えれば、「自分の財産を維持するためともいえる」という。また、「作っているときは生産性を上げるために手入れをする、作らないときは土地を維持するために手入れする」と説明してくれた。

Fさんも仮置き場として農地を貸している。Fさんによると、借り置き場にしている人で田圃を再開する人はおらず、Fさんに至っては「ずっと貸してもよい」という。貸している場合、金銭が入ってくるため、貸したままの方がよいとさえ思っている。すでにハウスや苗箱なども壊してあり、生産に関する農具はこれから処分する予定にある。一方で、トラクターなど土地の手入れに使う農具は残してある。現在は五畝の畑でラッキョウ、サツマイモ、ジャガイモ、ナス、キュウリなど何でも作っていると説明してくれた。また、ジャガイモ・ダイコンなどを敷地内の畑で、ナスとキュウリを川の近くにある畑で作り、家で食べていると詳細を教えてくれた。期間としては四月から十一月に活動している。仮設で暮らしていたときも、少量ではあるが作物を栽培していた。

集落の論理が果たしていた役割

以上、KさんとFさんの事故後の動向を当時の心境とあわせてみてきた。両者とも居住制限が設けられた二〇㎞圏内に自宅を構えていたが、立ち入りが可能になって以降は農地の手入れに勤しんでいた。Fさんは、避難生活においてやることがないことほどつらいものはないと述べていたが、これはSさんも述べていた。Sさんは避難生活の一日を「そうじ、洗濯、新聞読み、散歩」をして過ごしていた。避難生活は恵まれていたとSさんは感謝しているが、一方ですることがなく暇であったといい、「生きがいがなく、虚しかった」と当時を振り返ってくれた。Sさんも集落に戻って以降朝から農地の手入れなどをしているが、その点について「朝仕事ははかどる、仕事がはかいく」といい、「何もすることがないことがつらい」と改めて避難期間のことを振り返っていた。

以上を踏まえると、集落の論理に沿うことは、人びとの表現を借りれば「やることがない」というつらい生活を脱することにも寄与していたといえる。この点については、震災後の生きがいについて調査・研究している望月美希の議論（望月二〇二〇）とも重なることがあるように思う。避難中の生活は衣食住が整っていたが、それでも人びとの暮らしが立て直されたとは言い難い状況が人びとの語りから窺える。それは居住制限の解除や帰還もまた人びとの暮らしが立て直されたことを指しているわけではないということである。この点について関礼子の指摘は分かりやすい。関は、『住まう』ことは単に場所を占有することではない。社会関係をつくり、社会関係の網の目に自らが存在し、アイデンティティを育み、将来を見通していくことである」（関二〇一四：70）と述べている。

調査を通して筆者が感じるのは、人びとにとっての暮らしの再建とは、客観的な指標ではないところにあるように思えることである。すなわち、人びとの行動が果たして合理的であるか否かということではなく、彼ら彼女らの行動の意義、本書の事例を通せば何を大切にして守ろうとしているのか、ここに人びとにとっての暮らしの再建を考えていく上でのヒントがあるように思える。

補遺❷

本論の知見に関する比較検討

――相違から考える仮の行く末

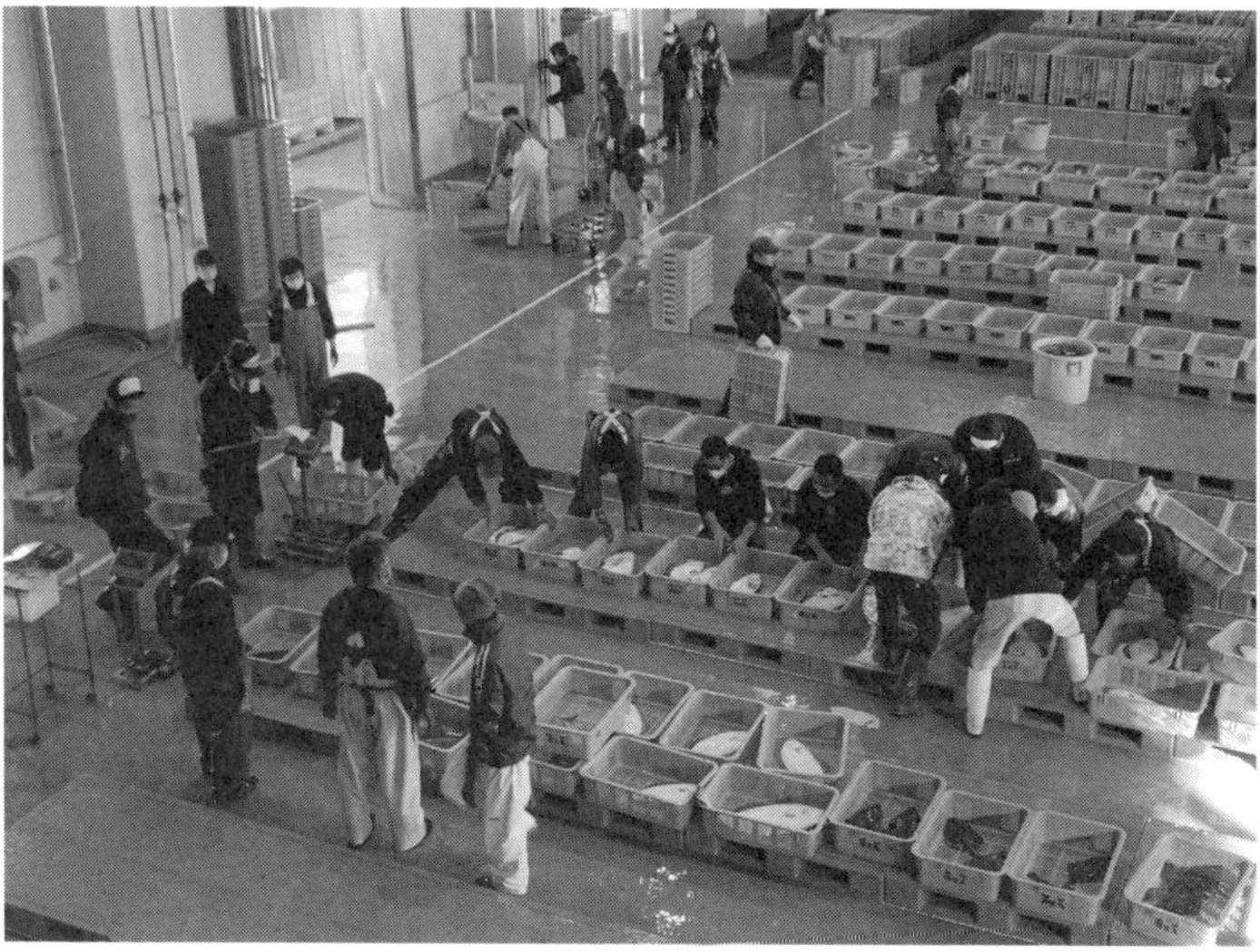

写真⑮　水揚げされた魚をせりにかける様子
（2021年12月15日　筆者撮影）

上の写真は、福島県浪江町にある請戸漁港で水揚げしたばかりのヒラメを出荷に向けて整理する漁師の姿である。請戸は海に面しているため、大津波に遭い甚大な被害を受けた。さらに、原発から六㎞の地点に位置していることから事故後居住制限が設けられ、一時は立ち入りすらできなかった。当然、漁業は行える状況ではなく、漁師は突然生業を失い、長い避難生活を余儀なくされた。

それでも、二〇一七年に居住制限が解除されると、漁師は自らの海に戻り、精力的に活動している。もちろん順風満帆にきたわけではなく、漁に関する制限も依然存在している。しかし、少しずつ、だが確実に人びとは前に進んでいると調査を通して肌で感じる。

では、請戸での人びとの歩みを本論に引きつけて考えたとき、何がいえるだろうか。すなわち、請戸に存在する「生活を立て直すための術」とは何か。補遺❷では、終章で提示した〝生活時間の仮構築の論理〟について、請戸を踏まえた他地域の事例との比較検討を行っていく。

概要

補遺❷では可能な限りではあるが、本論の知見について比較および検討を行う。本論は元農家を対象とした。それゆえ、対象としては農家同様に自然を相手とする生業に従事している酪農家と漁師を選定した。なお、前者は文献調査、後者は聞き取り調査を実施した。

一　酪農家と漁師の事例

一―一　酪農家の事例

まず、酪農家について取り上げる。対象としたのは、福島県南相馬市小高区大富地区である。文献によると、本地区には五戸の酪農家がおり、約三〇〇頭の牛が飼われていた（調査研究部震災復興調査班二〇一三）。石田晃大によれば、酪農家は常に協力関係にあり助け合いがみられていた。しかしながら、その光景は事故を境に大きく変わる。本地区は二〇km圏内に位置しており、警戒区域に設定されたためである。これにより酪農家は避難を余儀なくされた。その後、立ち入りが許可された際に牛舎をみると、飼育していた牛は餓死していた。彼らは亡くなった牛のために「牛魂碑」を地区内に設置した（石田二〇二〇）。

事故後、地区では酪農は再開されていない。それでも、阿部山徹が聞き取りをした酪農家は、地域で酪農をはじめとする畜産を成り立たせるため、飼料作物の栽培に精力的に活動している。それ以外にも他の酪農家の手伝いをしている（阿部山 二〇一五）。また、別な酪農家の場合、再開への気持ちが断ち切れずに帰還したものの、時間の経過とともに徐々に再開への思いが薄れていったとされている。それでも、その酪農家も知り合いが営んでいる他の牧場に行き、手伝いを行っている（石田 二〇二〇）。

一見すると、両者とも酪農を再開してもよいように思えるが、二人ともしていない。石田は再開できていない背景に、酪農家としての葛藤があると説明する。石田によれば、酪農家は事故前まで牛を経済動物として見ていたが、事故後はそう見ることができなくなったという。酪農家の複雑な心境の変化を石田の丹念な調査は提示している（石田 二〇二〇）。

以上の調査研究を踏まえ、まず注目したいのは二〇二〇年三月時点で地区の酪農家二名は酪農を再開していないものの、一方で他の酪農家の手伝いを行っている点である。このことからも分かるように、文献をもとに取り上げた二名の酪農家は完全には酪農を断念していない。言い換えれば、再開と断念の中間に両名は位置している。次に、注目したいのは阿部山が聞き取りをした酪農家が、地域の畜産を成立させるために活動している点である。「今後もこの地域で活動していく」という将来展望が資料から読み取れる。この二点は比較検討していく上で重要となるため二節で改めて言及する。

一―二　漁師の事例

次に、漁師について取り上げる。対象としたのは、福島県浪江町請戸にある請戸漁港である。以下、筆者が聞き取りで得た情報をもとに、概要や震災時のことなどについて記述していく。

事故前は九四隻の船が港に入り、多くの漁師が年間を通して活動していた。請戸は好漁場として数えられ、シラウオ／カレイ／コウナゴ／スズキ／シラス／タコなど多くの魚種を採ることができる。しかし、二〇一一年三月一一日を境に事態は大きく変わる。大津波により漁港だけでなく、地域も壊滅的な被害を受けた。漁船も約九割が流失した。その後、請戸は津波被害があったことから災害危険区域に設定され、さらに原発から二〇㎞圏内に位置していたことから警戒区域にも設定された。

こうした状況下でも、少しずつ再開に向けて動き出す漁師もいた。沖出しにより船が無事だった漁師と事故後に新しく船を作った漁師である。筆者が調査した二〇一九年は、試験操業という形で二六隻の船が稼働し、漁港および漁業の再建に向けて勤しんでいた。試験操業により出漁日が週二日とされ、採れる魚種も限定された。しかし、筆者が聞き取りを行ったIさんは、「いつかは魚を採れて売れるだろう」や「請戸も立ち直れる」と説明する。ときに、事故が起きた原発への想いや事故後に漁業を行うことの苦しい胸の内を吐露する場面もある。けれども、それを上回るほどに前向きな考えをIさんはもっている。Iさんは事故が起きて以降も漁業ができないと思ったことはなく、その理由について「魚はいるし、いずれ落ち着くと考えている」からだと説明し、「今は今の

写真⑯　制限があるなかでも活動する漁師たち
（2019年8月26日　筆者撮影）

内だけ」だと説明する。Iさんの考えには、海の特徴が関係していると考えられる。海は農地と異なり、人間が手入れをしなくても荒れることはない。そのため、常に働くイメージをもつことができる。すなわち、空間の次元と時間の次元がすでに担保されている。

では、なぜ制限のある試験操業という形で漁に出ているのか。働かなくても海は姿を変えることはなく、汚染水の問題を含め風評被害が落ち着いたときに、あるいは制限が解除されたときにはじめて活動してもよいように思える。しかし、聞き取りをしていると、そうできない実情がみえてきた。まず、大前提として船を生かす目的がある。船は放置していると内部も含め傷んでしまうため、船を生かすように活動している面

写真⑰　新造船を迎える漁師たち
（2020年2月2日　筆者撮影）

をまず押さえないといけない。けれども、船のためだけではない。端的にいえば、漁師同士の関係を保つことがあげられる。たしかに、再建に向けてともに勤しむことで、漁師同士の関係は維持されている。

一般的に、漁師は個人で活動するイメージがある。しかし、実際には互いに協力し合い、漁を成り立たせている。たとえば、台風や波浪などの際に、皆で協力して船をブイにつけるなどがあげられる。また、何か有事（事故や転覆など）があった際には、互いに助け合う。海は突如として姿を変える。人間に恩恵だけでなく災禍ももたらす。災禍に巻き込まれた際、一人では自らの生命が危険に晒されることは容易に想像ができる。だからこそ、平時の際でも再建に向けて共に協力して活動する。

漁師の事例から注目したい点が二点ある。まず、関係の次元の重要性である。漁師のなかでは、三つの次元のなかで関係の次元が非常に重要な位置を占めている。たとえ、海の特徴によって空間と時間の次元が担保されていても、関係の次元が崩れてしまうと、二つの次元も崩れてしまいかねない。すなわち、漁師が「今は今の内だけ」と考えられるのは、関係の次元を維持していてはじめて成立する考えなのである。次に、Iさんの説明から「これからもここで漁を行っていく」という将来の展望がもてている点である。この二点も比較検討していく上で重要となる。では、以下比較検討を行っていく。

二〈本〉と〈再〉と〈新〉

二―一　比較検討からみえる相違点

ここまで酪農家と漁師という二つの事例をみてきた。では、本論の知見を踏まえたとき、すなわち比較検討した場合、どのようなことがいえるのかについて考察していく。

まず、両事例とも基本的に本論を支持している。酪農家の場合、完全には撤退しておらず、他の酪農家の手伝いをしていることから、動物および他者との関係・労働している時間・労働している場所と三つの次元が回復されつつあることが読み取れる。それゆえ、「このままこれからもこの地域で」といったような予見をもてていると考えられる。さらに客観的にみれば、酪農家は再開と断念の中間に位置しており、葛藤していることは、本論が提示した〝生活時間の仮構築の論理〟とも重なる。しかし、元農家を丹念に研究してきた本論と異なる点もみられた。それは元農家の事例と比べ「このまま」という考えが感じられる点である。この点はあくまで筆者の主観であるが調査をしている際にそう感じた。

漁師の場合、海の特徴（人間が手入れをしなくても海は荒廃しない点）から、空間の次元と時間の次元が自動的に担保されている。関係の次元についても協力し合う話から、少なくとも再建に向けて動いている漁師間の関係は保たれている。それゆえ、「これからもここで漁を」というような予見をもつことができていると考えられる。さらに、「今は今の内」という語りが示唆しているように、漁師の事例にも〝生活時間の仮構築の論理〟が垣間見える。しかし差異もある。それは仮構築といっても、きわめて現実的な仮だという点である。規制がなくなれば、問題が解決すれば、即座に事故前の元の生活（漁を中心においた生活）に戻ることが具体的に漁師のなかでイメージされていると、聞き取りから感じられた。これは元農家や酪農家の事例では確認できなかった点である。

差異については筆者の主観によるところが大きいが、では主観から見出した森合集落と両事例におけるそれぞれの違いの要因はどこにあるのだろうか。この点を考え分析することが、ここでは重要なので、以下差異の要因について考えていく。

二―二　再創出と担保

二―二―一　再創出

差異の要因を考える上で予見に注目した。酪農家にみられる「仮」は予見をもち続けるためのものだと考えられる。生活の糧であり重要な存在である牛を失い、今後自分はどう生活してゆけばよいのかが分からなくなってしまった。今後だけではない。過去に自分が経験してきたこと・培ってきた知識が今の自分に何ら意義をもたらされなくなったという点では、過去からのつながりも失われてしまった。

こうした状況下で、他の酪農家を手伝い、地域の畜産のために活動することは、たとえわずかでも自身の酪農再開への道を残すことであると同時に、これまで培ってきた経験や知識を生かせることでもある。この点について社会学者である佐久間政広の表現を参考にすると（佐久間 二〇二〇）、「過去→現在→未来」という、一度は崩れてしまった時間軸に自分自身を再び位置づけることを指していると考えられる。したがって、酪農家の場合、予見をもつことそれ自体に大きな意味がある。これを本書では〝予見の再創出〟と呼ぶことにした。

もちろん、事故前の生活がとても重要なものであり、酪農家にとって大切なものである。けれども、本書の考察に基づけば「仮」の現在の暮らしの方がより重要性をもつことが分かる。こうした「仮」の生活を長い時間過ごしている。ここで考えられるのは、長い時間を過ごしているからこそ、

「仮」の生活が徐々に「本当」の暮らしへと変化していくことである。人びとの暮らしを考える上で、この側面を見過ごしてはいけないのではないだろうか。

二―二―二　担保

対して、漁師の場合は海の特徴から漁場で働けるイメージをもつことができている。つまり、予見は失われていない。そして、再建に向けて一緒に活動することで漁師同士の関係は維持されている。漁師にとって、漁という生業を成り立たせる上で漁師同士の助け合いは必須となる。海で働けるイメージをもち続けるためには、他の漁師との関係を保つ必要がある。漁師の場合の〝仮〟とは、予見を維持するためのものなのである。

〝仮〟は「過去に思い描いていた未来」に近づける上で重要となる。自分の判断で働くかを決め、船を動かし、よい漁場を探し、他の漁師に負けないくらい魚を獲り、ときに獲った魚を自ら食べる、そういった事故前において当たり前のように描いていた未来を、事故後でも現実的にしようと漁師はしている。すなわち、漁師の場合は予見を維持させることに大きな意義がある。これを本書では〝予見の担保〟と呼ぶことにする。

漁師にとっては、〝仮〟の生活は文字通り「今の内」のものであり、あくまで最重要なのは事故前の生活なのである。ここで考えられるのは、少しずつではあるが〝仮〟の生活は〝元〟の生活へと変化していくことである。規制や問題が解消されれば、早い段階で漁師が事故前という元の生活

写真⑱　漁具を準備する漁師
（2019年11月23日　筆者撮影）

に戻れることは十分想定される。

以上、二つの事例をやや堅くなるが、概念として整理すると、次のようなことがいえるのではないだろうか。すなわち、両事例とも〝生活時間の仮構築の論理〟は確認されるが、酪農家の場合「仮」は徐々に本へと、漁師の場合〝仮〟は徐々に再へと変化していくということである。

二―二―三　その後

本格的なまとめに入る前に、一点押さえたい事例がある。本書が主としてみてきた森合のその後についてである。というのも、継続調査をしていくなかで新しい道を選択する人びとが集落でみられてきたからである。具体的には、複数の人が仮置き場とは別に、田圃を貸す決断を下したことである。

田圃を貸す背景には、集落の人びとの体調に変化があったことが関係している。具体的には、高齢化による体調不良や発病などがあげられる。事故から八年が経過し事故前の暮らしだけでなく、【仮】の暮らしも継続することが大変困難になりつつある。たしかに、筆者が調査を行っている間でも、除草剤を農地に撒くだけでも高齢の体にはきつい作業で疲れるという声は聞かれた。また、本当は草を刈って、しっかり農地を手入れしたいがそれができないので、苦肉の策として除草剤の散布をしているという説明もされたことがあった。たとえば、ある元農家の家では田圃の場合、除草剤をもって歩いて撒くが、田圃一枚終わらせるのに一時間半ほどかかるという。除草剤を活用する前は、手動の草刈り機で草を刈ったりトラクターで土を耕したりしていた。草刈り機の場合三〜四時間ほどかかるため、負担軽減の理由で除草剤に変更した。トラクターを用いて土を耕す場合は、田圃一枚一時間ほどで終わり、ハウスは三〇分もかからない。しかし、高齢化によりトラクターに乗れなくなり除草剤に変更した。

このように筆者の調査期間でも、すでに【仮】の暮らしも継続することが難しくなりはじめていた。そして、事故から八年が経過し、高齢化の影響は看過できない状況となった。それゆえ、集落では田畑が荒れないことを見守るといった【新しい】生活へと変化せざるをえなくなった。森合の場合、【仮】は徐々に新へと向かっているのである。

以上、三つの事例についてみてきた。では、本集落を踏まえた三つの事例について以下まとめていこう。

三　仮の行く先

未曾有の大災害といわれた最悪水準の原発事故が発生して以降、時間の経過とともに人びとの暮らしにみられる仮の行く先がみえつつある。まず、酪農家の事例では仮の状態を継続し、中間状態のまま留まろうとする様相が垣間見えた（生活時間の本構築）。次に、漁師の事例では仮の状態はあくまで仮に過ぎず、それゆえ再び元の生活に戻ろうとしている様相が確認された（生活時間の再構築）。最後に、森合集落の事例では仮の状態を維持することが難しくなり、したがって新しい生活へと進む様相があった（生活時間の新構築）。

終章でも述べたが、一般的に事故が起きてから考えられるのは、元に戻るのか／元に戻らないのかという、いわゆる二元論である。対して、実際に暮らしている人びとの視点から考えてきた本論から指摘できることは、その間に仮の状態が存在しているということであった。そして、他の事例との比較検討から、仮はけっして同質のものではなく、さまざまな背景のもと差異があることが浮かび上がった。本書では、仮にみられた差異を表現するために三つの標記をすることにした。元に戻ることを目的ないしある程度現実的に想定された仮を〝仮〟、元に戻らないないし戻れないことが想定された仮を【仮】、このままという中間状態の継続を志向する仮を「仮」と標記する。仮は単一的でもなければ均一的でもない。当事者が抱える事情や状況により、多様性をもつ可能性が事例から窺える。この点はさらに調査・研究を行い深めていく必要がある。

以上を踏まえると、仮という考えの重要性が改めて指摘できる。比較検討を行う前まで仮を、猶予期間を指すモラトリアムと筆者は考え、それは人びとの気持ちという精神的な面での余裕を生む上で重要だと考えていた。けれども、比較検討によって、仮がもつ重要性はこれだけではないことが判明した。仮は、原発事故後というあまりにも長い被災生活のなかで、人びとが自分の考えや意思をもつための〝時間〟でもあった。少なくとも、本研究を踏まえた場合、三つの方向性を生み出し担保する点において、仮は選択肢の創出およびその選択肢を自らの判断で選択する権利（選択権）を、人びとに付与していると考えられる。以上が比較検討の成果となる。

補遺❸

本研究の課題と今後の展望

——原発立地地域も視野に入れて

写真⑲　青森県東通村の街並み（2019年9月2日　筆者撮影）

上の写真は、青森県東通村を訪ねた際に撮影したものである。家がいくつもあり、広がる空き地はこれから住居が建てられ、多くの人をよぶことを想像させる。この写真だけみれば、開発途中の地域であり、それ自体何も珍しくないと思うかもしれない。しかし、ここは原発立地地域という点で本研究からみると他の市町村とは様相が異なる。様相が異なるとは、いつ原発事故が起きても不思議ではない状況に置かれている、言い換えれば原発被災地になりうる可能性がある地域ということである。

日本には、北から南に至るまで原子力発電所が存在する。福島で発生した事故後、各地で廃炉か再稼働かの議論がなされ、住民と行政との話し合いがされている。安定的なエネルギー確保のためには再稼働となるが、一方で事故への懸念などから廃炉の声も上がっている。注目したいのは、再稼働の場合は当然だが、廃炉の場合も即座に原発がなくなるわけではなく、原発が立地している地域や周辺地域は、いつ原発被災地となっても不思議ではない状況にあるということである。

補遺❸では、本書の課題について述べつつ、原発をめぐる状況を踏まえ本研究の展望を描いていく。

概要

ここではまず改めて本書の意義について述べつつ、本書の課題について記述していく。次に、筆者が今後どういった形で調査・研究していくのか、本研究の展望についても記述していく。

一　本書の意義と今後の課題

チョルノービリで起きた原発事故と福島で起きた原発事故は最悪水準とされている。しかし、二つの原発事故のその後の対応は異なっている。前者は、事故が起きた周辺を人が住めない区域とし、人びとを住み慣れた地域から引き離した。後者は、一度は引き離したものの再び住み慣れた地域に帰還することを目的にしている。それぞれの対応の賛否については、本書の議題ではないため詳しくは踏み込まないが、少なくとも人びとの視点に立てば、自分が生まれ育ったあるいは長年住んでいた地域への思い入れをもっている人は多くいる。それゆえ、帰還を主眼に置く復興政策それ自体は人びとの想いと一致している。

しかしながら、問題なのは復興政策が果たして、人びとの思いを汲み取ったものなのかということである。関礼子は楢葉町の警戒区域の見直し・再編について「帰還したい住民の生活（life）本位ではなく、復興のための『政策の時間』が優位に立って」（関二〇一五：134）いると述べている。

関は続けて、一章でもあげたが「集中復興期間に復興を進めようという帰還のための帰還政策から、住民一人ひとりの『生活の時間』にあわせた長期的な帰還政策へと反転させる視点」（関二〇一五：138）が今後重要だと指摘する。こうした指摘の根本には、「復興は第一に人間の復興でなくてはならない。そしてそれは、現代にあっては、住民一人ひとりの生命の躍動、充実した生活、生きがい、人生の豊かさといった生活（life）の復興でなくてはならない」（関二〇一五：139）という関の考えがある。

こうした被災者の立場に重きを置いて復興を考える研究を踏まえ、本書では関の表現を借りれば生活の時間の重要性に鑑みて人間の復興について考えてきた。そのなかで本書はより一歩踏み込み、人びとが自ら暮らしを立て直していく様を〝生活時間の仮構築の論理〟という形で提示した。このように住民の実践に目を向け形にしたことに本書の意義がある。すなわち、人びとにはたとえ経験したことのない未知の災害であっても、それによって大きな被害を受けても、暮らしを再び成り立たせていくための創造的な営みがあることを、事例を通して描けたことが本書の意義であると考えている。

一方で課題もある。生活時間の重要性に鑑みて考察してきたが、本論は農地との関わりに焦点を当てたものであった。しかし、実際には人びとの生活時間とは、農地だけでなく他にも多くの関わり合いのなかで構成されている。それゆえ、農地以外の生活時間を構成する要素に目を向ける必要がある。農地ひとつみても複雑な社会関係の上に、彼ら彼女らの暮らしが成り立っていることがわかる。だからこそ、さらに視野を広げて全体をみて考えていくことが重要になると調査を通して考えている。概念の部分では、予見の使い方についてやや雑だったと反省している。すなわち、将来展望・将来の見通し・先行きなどを予見としてまとめ議論してきたが、果たして水準が合っているのか、読んでいて疑問に思った人もいると思う。また、予見と似た言葉に予測もあり、こうした概念的な部分を今後整理していかなければならないと感じている。他にも補遺を踏まえると、比較検討のもとである差異が筆者の主観であることもあげられる。この点について客観的な根拠を提示できるように、そしてそれに基づいて考察していくことも課題である。この課題に取り組む上で、まず比較対象の事例として森合同様にフィールドワークが現状できている請戸に今後も継続して通い、深く丹念に調査していくことが大切になると考えている。そのため、引き続き定期的に調査していく予定である。

二　本研究の展望

最後に、本研究の今後の展望について述べる。まず、上記にある課題に取り組んでいくことは当然であるが、他にも思い描いていることがある。そもそも、本研究はたとえどんなに原発を否定しても、〝原発を即座に取り除くことはできない〟という前提を置いている。以下、この前提について説明しつつ、今後の展望を記述していく。

日本のエネルギー割合をみると、火力発電所が主であり日本の歴史を支えてきたといえる。しかし、火力発電所は稼働のなかで温室効果ガスを排出しているため、国際的にも問題視されている地球温暖化に影響を与えている。それゆえ、環境のことを考えたとき、他の発電方法も必要になるが、ここにも問題がないわけではない。たとえば、水力発電の場合、ダム建設が必要となるためそれによる地域（人びとの暮らし）の消滅があげられる。また、風力発電や太陽光発電の場合は、エネルギー確保が不安定であることは否めない。こうした背景を考えると、温室効果ガスを出すことなく、かつ地域を壊すことなく、そして安定的にエネルギーを確保できる原子力発電が事故前において重要視されていたように思う。

福島で起きた原発事故以降、その風向きは大きく変わり、日本国内では脱原発／反原発の動きが高まっている。しかし、現状原発を社会から即座に取り除くことは容易ではない。なぜなら、まず原発を不要とした場合に代替エネルギーが必要となるが、代替エネルギーを安定的に確保するにはまだ時間がかかるように思われること、次にたとえ原発を取り除くことが決まったとしても、廃炉には長い年月を要することがあげられる。こうした理由を踏まえると、少なくとも現代社会で暮らす私たちは、原発と共存せざるをえない面がある。このとき重要となるのは、事故が起きないようにすることは大前提であるが、同時に事故は〝起きる〟ものとして考え、その後の対応・対策を想定することだと本研究では考えている。したがって、本研究では次の二点が研究の骨格をなす。ひとつは「原子力災害との向き合い方」、いまひとつは「原子力施設との共存の在り方」である。

前者は本書で扱ってきた。福島第一原子力発電所の周辺（本研究では三〇km圏までを対象とした）で暮らす人びとに聞き取りを行い、原子力災害との向き合い方について考えてきた。本書からいえることは、原子力災害との向き合い方のひとつとして、仮概念が存在しているということであろう。さきほども述べたが、この点を深めていくことに今後の課題がある。そして、本研究が前提に置いているもう一つのテーマ、すなわち「原子力施設との共存の在り方」を考えていくことが展望としてある。そのために原発立地地域を対象に聞き取りを行っていくことを考えている。事故は起こっていないが、常に事故が起こる可能性がある地域で暮らす人びとは、原発とどう向き合っているのか。何を思い、何を考えているのか、こうした点について聞き取りを行い共存の在り方を考えていく。ほんのわずかであるが、この点についても調査を実施している。具体的には、原発立地地域である青森県東通村／島根県鹿島町／新潟県柏崎市／茨城県東海村を尋ね調査を行った。

調査自体がわずかなので簡潔にまとめるが、調査を通して感じたことは立地地域ごとに人びとの考えがあるということである。原発関連の仕事で引っ越ししてきた人が多い地域では原発への関心は薄く、また事故などが起きた際には地域を去ることにあまり抵抗がないように思えた。一方で、地域に長く住みつつも家族や知人が原発関連の仕事に就いている場合、原発に対し不安を抱き反対の意思をもちながらもそれを表立っていえない葛藤を抱える人びともいる。事故が起こった際には、地域に住めないと述べつつも、住み慣れた場所であるため、少ない時間でも滞在したいという声もあった。他の地域ではたとえば諦念、すなわち反対の意思はあるが今更意思表示してもどうにもならないという考えもみられた。あるいは、原発を受け入れた責任として原発と長く付き合っていくことへの覚悟にも似た考えをもつ地域もみられた。

このように立地地域ごとに住民の考えには異なりがある。それゆえ、人びとの考えの背景にある事柄（地域の歴史や生業など）を明らかにするとともに、引き続き各地の原発立地地域を調査し住民の考えを掬い取っていく必要がある。「原子力災害との向き合い方」を深めつつ、同時に「原子力施設との共存の在り方」を提示できるようにすることが、本研究の今後の課題であり展望となる。

おわりに——何気ない営みから考える重要性

本書のおおもとにある問いは、災害によって被害を受けた人びとは、その後どのように生活していくのか、というものである。これは東日本大震災を経験したからこそ、それ以降筆者が考えるようになった問いである。

筆者は、宮城県仙台市に隣接する町（利府町）で生活している。筆者が震災に遭ったのは、大学二年生になる直前の時期になる。当時は春休みで、ひとつ下の妹と自宅の茶の間にいたが、あまりの揺れの強さにはじめて「家が潰れるかもしれない」という恐怖を覚えた。本当はダメだと分かっていたが、家が潰れる心配から家の外に避難した方がよいと直感的に思った。一刻を争うため、玄関ではなく茶の間に隣接する洋間の窓から裸足のまま外に出て、道路を挟んで自宅の真向かいにある畑に妹と避難した。畑について振り返ると、家はものすごく揺れていて本当に壊れてしまうと思った。すると、家ではなく敷地内にあるコメなどを保管している倉が土埃を舞いながら崩れていった。その光景を見て、改めて今自分が遭っている地震が、それまで経験した地震とはまったく異なる水準のものだと感じた。揺れが落ち着き、家に戻るとあらゆるものが倒れ、施錠していたはずの窓もカギが外れ開いたままの状態になっていた。さらに、断水・停電も起きていたので、しばらく自宅で生活することは難しいと思った。そんなとき、近所の方が声をかけてくれた。被害の程度を話し合うとともに、その方がもつビニールハウスで状況が改善するまで一緒に生活させて頂いた。大学などで学んではいたが、改めて緊急時における隣近所の大切さを知った。また、ラジオを通して津波のことを聞き、事態の深刻さを痛感したことも覚えている。ハウスでは数日生活し、その後自宅に戻った。飲み水は近隣の学校まで取りにいき、トイレを流すために必要な水は自宅周辺にある川やため池からもってきた。不便ながらもなんとか家族と協力して生活していた。大学は二〇一一年五月に再開した。筆者は二年生ながら実習を通して震災の調査をはじめた。

東日本大震災が起きて以降、筆者はこれまで多くの被災地に足を運び調査を行ってきた。大学院に進学する前、大学に在籍していたときは、主に漁村（津波被災地）を訪れていた。漁師とその家族といった、海と上手に付き合い続けている人びとに、直接会い聞き取り調査を行った。なかでも、宮城県の牡鹿半島に位置する桃浦には、「水産業復興特区に県内で唯一賛成した理由」を知りたく何度も足を運んだ。また、岩手県の重茂半島に位置する姉吉には、「大津波に遭いながらも人的被害がなかった理由」を知りたく大学院に進学する前後に何度も足を運んだ。

このように筆者は、自らの経験に基づいた興味関心に沿って被災地を訪れていた。そのなかで、震災を経験して以降にもっていた上記にあげた漠然とした問いが、ほんの少しばかりではあるが具体化していき、次のような疑問をもつようになった。被災者は「災害の影響」と「国の介入による影響」のなかで、いかにして自らの暮らしを取り戻しているのか、という問いである。依然漠然としているが、そうした疑問をもつようになっていった。東日本大震災の被災地でみられる復興の遅れや、長期間仮設住宅での生活を余儀なくされている人びとがいることを踏まえると、災害の影響とは発災時から中長期的に及ぶ。くわえて、そこには国の介入もある。災害が起こる前まで生活していた地域に、災害後は住むことができなくなる災害危険区域の指定は、その最たる例であろう。こうした「災害の影響」と「国の介入による影響」の渦中で、被災した人びとは自らの暮らしを再び取り戻していくことは容易なことではない。それでも、被災者はそれらの影響を受けつつも、生活を再建していく。災害と政策という二つの影響に翻弄されながらも、人びとはいかにして自らの暮らしを取り戻していくのか、と筆者は疑問を感じた。

こうした依然として漠然とした疑問を抱え、大学院に進学した筆者は、指導教員である金菱清先生に頂いた助言に基づき、それまでの漁村（津波被災地）ではなく、原発被災地を調査することになった。被災地に足を運び調査を進めていくなかで、原発災害を事例に、筆者が抱いたあの漠然とした疑問についても考えられないかと、少しずつ思うようになった。というのも、原発事故は未知の災害であることから災害のもつ脅威が高いことはいうまでもなく、「災害の影響」もきわめて高く、さらに政策には恣意性が孕んでおり「国の介入による影響」に被災者が翻弄される度合いも高いと感じたからである。本書では、仮の状態に自らの身を置くことの重要性が浮かび上がった。人びとにとって、仮の状態に身を置くことは、災害の影響と国の政策的介入の影響を緩和しているように思えた。

本書が対象とした人びとの活動は、少なくとも原発被災地で生活を再建する上で、きわめて重要な行為であった。これは「早期帰還」や「仮の町構想」といった政策的な対応では、補いきれない側面なのではないかと筆者は考えている。帰還政策を含め、国の政治的な整備に対して、研究者が提言していくことは、被災者の生活再建を考え、実現していく上で重要である点には異論はない。けれども、同時に被災者の取り組み／活動に目を向けることも重要なのではないだろうか。少なくとも、本書が対象とした人びとは、意図して農地への働きかけを行っているわけではなかった。彼ら彼女らは、原発災害と向き合うわけでもなく、災害に抗うわけでもなく、災害を受容するわけでもなく、ただ純粋に普通で居続けようとしていた。正確にいえば、普通でいるために努力をしている。それが結果として、関係・住民性・継承の担保につながった。つまり、災害に遭いながらも、普通で居続けようとする努力の延長線上に災害対応があるように、筆者には思えた。普通で居続けようとする行為、すなわち何気ない営み（人びとが大切にしようとしていること）に目を向け、そこから暮らしを立て直す術を考察したことに本書の意義がある。

従来の研究においては、被災地に目を向ける際に、ややステレオタイプ化された見方があったように思う。そのため、被災者の災害対応という点に関心が集まっていたのではないだろうか。しかし、人びとの災害対応の背景には、「普通でいることを懸命に保とう」とする人びとの願いと行動があるのではないかと、今回の調査を通して感じた。人びとは意識することなく、ただ普通でいることを望み動いている。だからこそ、被災者の取り組みに目を向け、そこに隠されている取り組みの意義とは何かを学問的に考える必要がある。すなわち、未知の災害に見舞われた原発被災地で、人びとが生活を立て直していく上で、政策では補いきれない部分を補うものが、日々の暮らしのなかでみられる、何気ない人びとの営みのなかにあるように思えるのである。

被災者の何気ない営みに、筆者が目を向ける契機について説明したい。筆者が福島で起きた原発事故の深刻さを耳にしたとき、まず頭に浮かんだのはチョルノービリ原発事故のことであった。続いて、事故により周辺の地域が〝死の街〟となった、あの映像がイメージされた。いわば、それが筆者の原発被災地に対するイメージであった。しかしながら、二〇一四年の冬にはじめて原発被災地に足を踏み入れたときに感じたことは、今でもしっかり覚えている。そこにある雰囲気と筆者が想定していた原発被災地のイメージとの差があまりに大きかったと感じたからである。原発から二〇㎞から三〇㎞にまたがる形で位置する南相馬市には、ちゃんと「人の暮らし」があった。もし、何も知らなければ、聞かされていなければ、自分が訪れた場所が原発被災地だとは思えなかっただろう。それほどまでに、筆者がもっていたイメージと実際に目の当たりにした現実との開きが大きかった。そして、この体験が自然と筆者を何気ない人びとの営みに目を向けさせた。なぜ、原発災害という大災害のなかで、ここまで〝普通〟が存在できるのか。筆者の目には、〝普通〟が〝異常〟なものとしてしかみえなかった。〝普通〟とは何か、それを考えるために何気ない人びとの営みに目を向けたように今になって思う。

こうした体験をしたからこそ、現場に入り調査を重ねていく「フィールドワーク」には、研究において大きな可能性があると、改めて感じた。フィールドワークについては、多くの研究者がそれを行う意義について述べている。たとえば、植田今日子はフィールドワークについて、それは人類学者が異国の地に足を踏み入れることと類似していると述べている（植田二〇一六）。もし、調査地が同じ日本国内であったとしても、そこの人びとが同じ文化ないし慣習を前提にして、日々の生活を送っているわけではないことを、彼女は示唆している。また、村田周祐はフィールドワークについて、それは自らがもつ通念（常識）を壊していく営みだと説明している（村田二〇一七）。すなわち、常識という縛りから研究者を解放する手段として、彼はフィールドワークを据えている。

では、筆者にとってフィールドワークとは何か。上記の研究者のように、それを言葉としてはまだ表現することができない。ただ、フィールドワークをしていて思うことは、地域に何度通っても、何年訪れていても、そのときにみえてくるもの／ことがあるということである。新しいことが発見できる。だからこそ、同じ地域に通い続けていても飽きることがない。筆者はここにもフィールドワークの意義があるのではないかと考えている。今後もフィールドワークが筆者の研究を支える上で大切であり続けることに変わりない。調査を重ねていくなかで、いずれフィールドワークの意義について、言葉で表現できるようにしたい。

あとがき

本来であれば、「おわりに」で終わるが、あえて「あとがき」を足したのには理由があって、この場を借りて感謝を含めていくつか記述したいことがあったからである。そもそも、本書のもとである博士論文には「はじめに」と「序章」があったが、「まえがき」はなかった。それでも「まえがき」を足したのは、本書を作成するなかでその必要性を感じたからである。本論に入る前に「まえがき・はじめに・序章」とあって、読者を困惑させたかもしれない。筆者のイメージとしては、「まえがき」で本論の概要をおおまかに把握してもらい、「はじめに」で何をみようとしているのか、「序章」で本論に入る前の準備を（全体の流れを理解）して頂こうと思った。すると、博士論文には「はじめに」と「序章」があり、それに対応する「おわりに」と「終章」があったが、「まえがき」に対応する「あとがき」がないことに文章を書くなかで気が付き、そのため「あとがき」を付け加えた。また、個人的に多くの本を読むなかで、最後に記載された「あとがき」が読んでいて面白いと感じていたことも「あとがき」を足した背景にある。では、以下三点について記述していく。

「問い」の難しさ

大学院に入った当初、改めて社会学が「問い」へのこだわりが強い学問であると感じた。どの研究分野でも「問い」は大切であるが、とくに社会学はそこへのこだわりがあるように思えた。筆者が学会や研究会に参加していても、「問いは何ですか?」といった質問をよく耳にした。そして、筆者もよく指導教員である金菱先生に指摘された。先生は、「問いは論文を書く上で八割を占める」とその重要性を何度も教えてくれた。

しかし、筆者は修士課程に入り、時間が経ってもなかなか問いが定まらない日々を過ごしていた。研究するために大学院に来たのに、そのスタートにある問いが決まらない日々は、精神的にきつい時期であった。先生方にはよく「博士論文を書くことは本当に大変だ」と聞いていたが、今振り返ってもたしかに大変ではあったが、問いが決まらない日々の方が筆者にとってはつらかったと思う。一番苦しい時期といってもよく、修士論文や博士論文の執筆できつくても、あの時に比べればと思えるほどであった。修士課程に入り一年が経とうとしていた二〇一四年十二月に出会ったのが事例地の農地であった。

調査地に入る〝きっかけ〟と本書作成の〝経緯〟

車で被災地を見ていたところ、急にバリケードが目の前に現れ、先に進めなくなった。車を降りて歩いていると、「まえがき」に記載した手入れの行き届いた農地を目にした。その時は、人は歩

写真⑳　いつも吠えて出迎えるサクラ
（2022年7月30日　筆者撮影）

いておらず、それゆえ近くの民家に行かなければ話を聞ける状況ではなかった。しかし、何の伝手もなく、いきなり民家を訪ねることに筆者は悩んだ。というより、怖くて訪ねる勇気がなかなか湧いてこなかった。そうして集落の道路で右往左往していると、突然犬に吠えられた。とても驚いたが、ここでどこかに行ったりそのまま右往左往していたりしていたら、余計怪しくなると思い、腹をくくり民家を訪ねた。

民家の住民は、とても優しい方で筆者に玄関先でいろいろと話をしてくれた。そして、その場で今後ここの集落を調査したいので協力して頂きたいことを伝え、次回の調査日も決めた。今思えば、突然訪ねてきた筆者は怪しい存在でしかないのに、そんな筆者に話をしてくれたこと、調査に協力して頂いたこと、その場で次回の日程まで了承して頂いたことには、本当に感

写真㉑　帰る際は吠えず見守るサクラ
（2022年7月30日　筆者撮影）

謝しかない。そして、そのきっかけをくれたその家の番犬サクラには頭が上がらない。もし、サクラがあの時吠えなかったら、右往左往したまま結果的に民家を訪ねることもしなかったかもしれない。森合での調査はサクラに吠えられて始まったといっても過言ではなく、サクラにも感謝しなくてはならない。のちに、他の集落住民に話を聞くと、家の住人以外には吠えるといわれ、頭の良い番犬と評されていた。ちなみに、今でも調査にいくと吠えられてしまうが、帰る際には吠えないので、本当に優れた番犬だと思う。

そのサクラも震災・事故を経験し避難したことを、調査を通して知った。実は、その民家にはサクラだけでなくマロンという犬もいた。サクラは家に入るまで吠えるが、家に入ると吠えるのをやめる。しかし、マロンは違った。聞き取りがはじまっても吠えていて、時折対象者の声が聞き取りにくくなることもあった。マロンは可愛いらしい犬ということもあり、調査の〝妨害〟を受けつつも憎めず、サクラとともに調査の際に会うことが楽しみであった。そんなマロンが二〇二一年に亡くなった。マロンの死を聞き、改めて事故の発生からたしかに時間が経過していることを痛感した。集落でも病により亡くなった方や体調不良により動けなくなった方がいる。補遺❷で指摘したが、時間の経過によりできなくなる事実が現場にはある。

こうした確かな時間の経過を痛感したからこそ、今の集落をみてそこには回復がみられないと思われたくなかったし、何より事故後の世界で、本書で記述したような活動をしていた人びとがいることを形にしたいと思った。このことは間違いなく本書を作成しようと思い立った動機のひとつであった。

多くの支えへの感謝

最後に、本書を作成する上でお世話になった方々に感謝を伝えたい。調査に協力して頂いた集落の人びとには、筆者の長い聞き取りにも嫌な顔をせず付き合って頂いた。それどころか毎回お茶菓子やケーキまで用意して頂いた。そうした人びとの振る舞いがうれしく、それもあって調査に行くことがいつも楽しいと思えた。本当に感謝しかない。

そして、本書を作成するにあたり、指導教員である関西学院大学金菱清先生をはじめ、多くの先

写真㉒　飼い猫ニャン吉
（2017年6月25日　筆者撮影）

写真㉓　家族に寄り添うニャン吉
（2019年3月25日　筆者撮影）

写真㉔　飼い猫大福
（2022年2月9日　筆者撮影）

写真㉕　筆者を凝視する大福
（2022年4月6日　筆者撮影）

生方にお世話になった。金菱先生は基本的に自由に調査・研究をさせてくれた。一方で、報告したり作成した文章を見て頂いたりした際には、厳しく指導して頂いた。問いがよくなかった際には、方向性のヒントを示してくださった。しっかり向き合って指導して頂いたことには深く感謝申し上げたい。厳しく接して頂いたおかげで、少しずつでも研究を前に進められたと感じている。また、副指導教員には多くの先生に着いて頂いた。東北学院大学佐久間政広先生、松本秀明先生、高野岳彦先生、津上誠先生、上智大学（故）植田今日子先生、鳥取大学村田周祐先生においても、草稿の段階から、有益な助言およびご教示を頂いた。紙上をかりて、衷心よりの御礼と謝意としたい。本書の作成だけでなく、研究自体にも多くの助言を頂いた東北学院大学金子祥之先生、東北学院大学大学院増藤雄大さん、東北大学大学院雁部那由多さんにも感謝したい。このように振り返ると、多くの先生、後輩に支えられて研究を進めることができたと思う。お世話になったすべての方々に改めて感謝致します。

最後に、これまで自由に研究を許してくれた家族に感謝したい。家族という点では、飼い猫たち（ニャン吉・大福）への感謝もある。とくに、ニャン吉には院生時代にわざわざ誰かに相談する必要がないこと、あるいは言いづらいことなどをよく話した。それだけで心が軽くなったから度々話をしていた。こうして話をして軽くなったからこそ、日々少しでも前に研究を進めることができたと思う。家族はもちろん飼い猫たちにも感謝の意を表したい。

本書の刊行にあたっては、春風社の皆様に大変お世話になった。とくに、刊行を前向きに考えてくださった三浦衛さん、筆者の度々の質問にも丁寧に対応して頂いた下野歩さん、原稿の完成まで筆者の要望を何度も聞いて頂いた山岸信子さんに感謝したい。皆様の協力があり原稿を書き上げることができた。改めて感謝申し上げる。

二〇二三年三月　卒業式の余韻残る大学構内にて

庄司貴俊

付記

本書の補遺❷および補遺❸については、茨城県東海村が実施する「地域社会と原子力に関する社会科学研究支援事業」（令和元年度）「原発被災者はどのようにして生活を立て直してゆけるのか」の助成の成果を加筆修正して作成した。この場をお借りして御礼を申し上げたい。

注

第1章

（1）この点については、「必ずしも祭礼の復興度が村落のレジリアンスと正比例していることを意味しているわけではない」（滝澤 二〇一三: 126）ことを、滝澤は付け加えている。

（2）本節で用いている景観については、鳥越皓之の論考をもとに（鳥越 二〇〇九）、景色や風景などと言い換えてもよい広義の意味で使用している。

第2章

（3）兼業農家の種別については、集落ではなく大甕のなかの地区単位で公開されているため定かではない。しかし、聞き取りでえた情報をもとに、全農家が二種兼だと推定される。

（4）聞き取りで得た情報をもとに経営責任者は、高齢女性の夫あるいは息子だと考えられる。

（5）本書では、帰還困難区域や津波被害も受けた地域は扱っていない。そのため、原発事故一般の被害状況までは、本書において描くことはできない。しかしながら、少なくとも本事例地の元農家が直面している事態は、原発被災地で生じうる固有の問題のひとつといえるのではないだろうか。

（6）子世代の職業形態に変化がないこと、農業をやめていることから窺えるが、各農家は農業から離脱しても家の経済は保持できている。

（7）筆者が調査を開始した二〇一五年一月時点では、農家のなかで一度も農地の手入れを行っていないのは一戸のみ。手入れが行き届かず荒地と化した農地もあった。しかし、それは事情により活動ができないのであり、その所有者に農地の手入れを続ける意志はもち続けているとのことであった。

（8）二〇一六年七月三〇日には、グループインタビューの形式で調査を行った。対象は集落で農業を行っていた高齢女性七名。対象者からは「生産活動はやめたものの、農地を荒らしたくないため、その手入れを続けていること」や「主に屋敷周りの農地の手入れを行っていること」などが話された。

第3章

（9）また、賠償金を受け取る条件に農地の手入れは入っていない。

（10）一九六五年にした理由は、その年にSさんが集落に嫁いできており、嫁いできた際の集落の農作業の様子について、Sさん、Nさんの息子夫婦、Gさんに聞き取りを行ったからである。

（11）注意したいのは法と慣行の関係である。まず、人びとの農地に対する考えは基本的に法に沿っている。したがって、働きかけがないと農地の所有権が消滅するとは考えていない。しかし、少しでも働きかけていないと境界線の杭を移動されたり土手を削られたりされていたことから、農繁期に働かなければ私有地がどうなってしまうのかという懸念も農家のなかには存在していた。だからこそ、農家は働き者でいる必要があった。その点からいえば、法の認識はあるものの、それを働きかけにより支えているといえよう。

第4章

（12）堤に関する権利関係は、本集落を含む複数の集落から構成される水利組合に帰属している。しかし、堤の縮小は水利組合の許可なく実行された。以上の行為に対して、反対派は田圃を活用している点も踏まえ、抗議の声を上げた。

（13）仮置き場は、本集落を含む地区の除染から発生する汚染土の仮置き場である。本集落の除染は、二〇㎞圏外では農地そして宅地の順に、二〇㎞圏内では宅地そして農地の順に、二〇一五年八月から二〇一七年三月の期間に実施された。

第5章

（14）渡辺によると、「英文法では、この事態を表す仮定法の一種で、反事実条件法という文形式がある」（渡辺二〇一〇：208）という。そして、「過去の事態の悔恨を込めた反実仮想を表す、反事実条件法過去、という仮定法もある」（渡辺二〇一〇: 208）。詳細にいえば、原発被災者が語る反実仮想は、この反事実条件法過去といえる。

文献

阿部山徹、二〇一五「震災を機に生命を見つめ直し、改めて地域の酪農の原点を知る——福島県南相馬市の酪農家の軌跡」『共済総研レポート』2: 26-31
安達生恒、一九七九、『むらの再生——土地利用の社会化』日本経済評論社
相澤卓郎・佐久間政広、二〇一七、「東日本大震災後における民俗芸能の復活——なぜ大曲浜獅子舞は年間45回も上演されたのか」『社会学年報』46: 45-56
淡路剛久、［二〇一五］二〇一六、「『包括的生活利益』の侵害と損害」淡路剛久・吉村良一・除本理史編『福島原発事故賠償の研究』日本評論社：11-27
千葉徳爾、一九八七、「第二部解説——二つの『民俗学教本案』について」柳田為正・千葉徳爾・藤井隆至編『柳田国男談話稿』法政大学出版局：229-41
——、一九九五、「日本の民俗と自然条件」谷川健一編『日本民俗文化大系〔普及版〕第一巻　風土と文化——日本列島の位相』小学館：109-76
調査研究部震災復興調査班、二〇一三、「畜産農家の原発避難と放射能汚染との闘い——福島県南相馬市での酪農再開に向けて」『共済総研レポート』4: 21-7
藤村美穂、一九九四、「自然をめぐる『公』と『私』の境界」鳥越皓之編『試みとしての環境民俗学——琵琶湖のフ

ィールドから』雄山閣出版：147-66
――、一九九六、「社会関係からみた自然観――湖北農村における所有の分析を通じて」『年報村落社会研究第32集 川・池・湖・海 自然の再生 21世紀への視点』：69-95
――、二〇〇一、「『みんなのもの』とは何か――むらの土地と人」井上真・宮内泰介編『コモンズの社会学――森・川・海の資源共同管理を考える』新曜社：32-54
――、二〇〇六、「土地への発言力――草原の利用をめぐる合意と了解のしくみ」宮内泰介編『コモンズをささえるしくみ――レジティマシーの環境社会学』新曜社：108-25
――、二〇〇九、「暮らしの本願と景観――山村の伝統芸能」鳥越皓之・家中茂・藤村美穂『景観形成と地域コミュニティ――地域資本を増やす景観政策』：213-59
――、二〇一五、「〝農的自然〟に流れる時間」『環境社会学研究』21: 56-73
復興庁、二〇一七、「平成28年度福島県の原子力災害による避難指示区域等の住民意向調査全体報告書」
復興庁・福島県・大熊町、二〇一六、『大熊町住民意向調査報告書』
古川彰、二〇〇四、『村の生活環境史』世界思想社
原発災害・避難年表編集委員会編、二〇一八、『原発災害・避難年表――図表と年表で知る福島原発震災からの道』すいれん舎
ギル・トム、二〇一三、「場所と人の関係が絶たれるとき――福島第一原発事故と『故郷』の意味」トム・ギル／ブリギッテ・シテーガ／デビッド・スレイター編『東日本大震災の人類学――津波、原発事故と被災者たちの「その後」』人文書院：201-38
原口弥生、二〇一三、「東日本大震災にともなう茨城県への広域避難者アンケート調査結果」『茨城大学地域総合研究所年報』46: 61-80
橋本文華、一九九八、「村落共同体における環境管理――山林・水利慣行にみる共同体住民の環境への主体的な関わ

り」『環境社会学研究』4: 158-73
今井照、二〇一四、『自治体再建——原発避難と「移動する村」』筑摩書房
——、二〇一七、「原発災害避難者の実態調査（6次）」『自治総研』43(462): 1-34
井上真、二〇〇一、「自然資源の共同管理制度としてのコモンズ」井上真・宮内泰介編『コモンズの社会学——森・川・海の資源共同管理を考える』新曜社：1-28
石田晃大、二〇二〇、「牛飼いとして曖昧に生きる意味——原発避難区域に戻った元酪農家の変化」東北学院大学震災の記録プロジェクト金菱清（ゼミナール）編『震災と行方不明——曖昧な喪失と受容の物語』新曜社：160-73
石岡丈昇、二〇一二a「現代マニラの都市底辺世界における仕事時間」『遊ぶ・学ぶ・働く——持続可能な発達の支援のために』シンポジウム報告書：73-80
——、二〇一二b、『ローカルボクサーと貧困世界——マニラのボクシングジムにみる身体文化』世界思想社
岩本由輝、一九八五、「本源的土地所有をめぐって」『研究通信』141、村落社会研究会
「角川日本地名大辞典」編纂委員会編、一九八一、『角川日本地名大辞典7福島県』角川書店
金子祥之、二〇一二、「むらの領土管理にみる災害文化活用の論理——利根川下流域の新田村落を対象として」『村落社会研究ジャーナル』19(1): 13-24
——、二〇一五、「原子力災害による山野の汚染と帰村後もつづく地元の被害——マイナー・サブシステンスの視点から」『環境社会学研究』21: 106-21
金子祥之・藤井紘司・芦田裕介・五十川飛暁、二〇一六、「村落社会の空間荒廃と村落研究——無縁墓・空き家・耕作放棄にいかにアプローチするのか」『村落社会研究ジャーナル』23(1): 25-39
香月洋一郎、二〇〇〇、『景観のなかの暮らし——生産領域の民俗』未來社
川本彰、一九八三、『むらの領域と農業』家の光協会

川瀬隆千、二〇一四、「宮崎への避難・移住者の実態と今後の支援――東日本大震災・原発事故による避難・移住者へのアンケート調査報告」『宮崎公立大学人文学部紀要』22(1): 1-16
川島秀一、二〇一一、「浸水線に祀られるもの――被災漁村を歩く（上）」『季刊東北学』29: 27-37
木村大治、二〇一六、「『濃淡の論理』と『線引きの論理』――コンゴ民主共和国ワンバ地域における森の所有をめぐって」松田素二・平野美佐編『紛争をおさめる文化――不完全性とブリコラージュの実践』京都大学学術出版会：199-230
小松丈晃、二〇一三、「科学技術のリスクと〈制度的リスク〉」『社会学年報』42: 5-15
工藤優花、二〇一六、「死者たちが通う街――タクシードライバーの幽霊現象」東北学院大学震災の記録プロジェクト金菱清（ゼミナール）編『呼び覚まされる霊性の震災学――3.11 生と死のはざまで』新曜社：1-24
黒田由彦、二〇一九、「区域外避難の合理性と被害」『環境と公害』48(3): 39-44
牧野友紀、二〇一六、「福島第一原子力発電所事故と生活秩序の再構築――福島県南相馬市小高区における一農民の実践」『社会学年報』45: 5-18
政岡伸洋、二〇一六、「被災地との関わりからみえてきたもの――宮城県本吉郡南三陸町戸倉波伝谷での経験から」橋本裕之・林勲男編『災害文化の継承と創造』臨川書店：197-217
松田智子・山田均、二〇一六、「生活科から小学校社会科への連続性の一考察――防災教育と減災教育に視点をあてて」『奈良学園大学紀要』5: 141-50
松井克浩、二〇一八、「『宙づり』の時間と空間――新潟県への原発避難の事例から」第91回日本社会学会大会報告原稿
松薗祐子、二〇一六「原発避難者の生活再編と地域再生の課題――福島県富岡町の事例から」『日本都市社会学会年報』34: 25-39
望月美希、二〇二〇、『震災復興と生きがいの社会学――〈私的なる問題〉から捉える地域社会のこれから』御茶の

水書房
村田周祐、二〇一七、『空間紛争としての持続的スポーツツーリズム——持続的開発が語らない地域の生活誌』新曜社
長尾朋子、二〇一〇、「洪水常襲地域における災害文化の現代的意義」『国立歴史民俗博物館研究報告』156: 277-86
内閣府、二〇〇二、『わが国の災害対策』
中川千草、二〇〇八、「浜を『モリ（守り）』する」山泰幸・川田牧人・古川彰編『環境民俗学——新しいフィールド学へ』昭和堂：80-99
農林水産省、二〇一三、『25年産米の作付等に関する方針』
Oliver-Smith. A. and S. M. Hoffmann eds., [2002] 2006, Catastrophe and Culture: The Anthropology of Disaster, School of American Research Press.（＝二〇〇六、若林佳史訳『災害の人類学——カタストロフィと文化』明石書店）
齋藤純一、二〇一三、「場所の喪失／剥奪と生活保障」齋藤純一・川岸令和・今井亮佑『原発政策を考える3つの視点——震災復興の政治経済学を求めて③』早稲田大学出版部：1-24
佐治靖、二〇一五、「町に帰る、蜜蜂を飼う〝楽しみ〟——避難指示解除後の広野町におけるニホンミツバチの伝統養蜂の再開と受難」関礼子編『〝生きる〟時間のパラダイム　被災現地から描く原発事故後の世界』日本評論社：164-85
佐久間政広、二〇二〇、「震災被災者にとって被災前の居住地はどのような意味を持つか——東日本大震災における強いられた移動をめぐって」『村落社会研究ジャーナル』56: 215-33
佐々木高明、一九六八、『インド高原の未開人——パーリア族調査の記録』古今書院
——、一九七一、『稲作以前（ＮＨＫブックス）』日本放送出版協会
佐藤彰彦、二〇一六、「原発事故後の復興政策の現実——帰還・自立の阻害要因と構造」『フォーラム現代社会学』15: 79-91

関礼子、二〇一三、「強制された避難と『生活（life）の復興』」『環境社会学研究』19: 45-60
――、二〇一四、「原発事故避難と『住み続ける権利』」『学術の動向』19(2): 68-71
――、二〇一五a、「地続きの知と原発事故後の世界」関礼子編『〝生きる〟時間のパラダイム――被災現地から描く原発事故後の世界』日本評論社：1-8
――、二〇一五b、「強制された避難・強要される帰還――『構造災』からの離脱と生活（ライフ）の復興」関礼子編『〝生きる〟時間のパラダイム――被災現地から描く原発事故後の世界』日本評論社：120-40
――、二〇一八、「災害をめぐる『時間』の社会学」関礼子編『被災と避難の社会学』東信堂：3-15
――、二〇一九、「土地に根ざして生きる権利――津島原発訴訟と『ふるさと喪失／剥奪』被害」『環境と公害』48(3): 45-50
関礼子・廣本由香、二〇一四、『鳥栖のつむぎ――もうひとつの震災ユートピア』新泉社
相馬市史編纂会、一九六九、『相馬市史4資料編1（奥相志）』相馬市
成元哲・牛島佳代・松谷満、二〇一八、「福島原発事故から『新しい日常』への道のり――2016年調査の自由回答欄にみる福島県中通りの親子の生活と健康」『中京大学現代社会学部紀要』11(2): 99-170
高木竜輔、二〇一七、「避難指示区域からの原発被災者における生活再建とその課題」長谷川公一・山本薫子編『原発震災と避難――原子力政策の転換は可能か』有斐閣：93-131
高橋隆雄、二〇一三、『「共災」の論理』九州大学出版会
武中桂、二〇〇六、「自然公園内に受け継がれる『ヤマ』――北海道立自然公園　野幌森林公園を事例として」『環境社会学研究』12: 104-19
滝澤克彦、二〇一三、「祭礼の持続と村落のレジリアンス――東日本大震災をめぐる宗教社会学的試論」『宗教と社会』19(0): 115-29
鳥越皓之、一九八五、『家と村の社会学』（同増補版一九九三年）世界思想社

――、一九九七、『環境社会学の理論と実践――生活環境主義の立場から』有斐閣
――、二〇〇一、『人口自然環境の環境の環境社会学的分析』平成10年度～平成12年度科学研究費補助金（基盤研究（B）（2））研究成果報告書
――、二〇〇三、『花をたずねて吉野山――その歴史とエコロジー』集英社
鳥越皓之・家中茂・藤村美穂、二〇〇九、『景観形成と地域コミュニティ――地域資本を増やす景観政策』農山漁村文化協会
内山節、［二〇一二］二〇一四、『時間についての十二章――哲学における時間の問題』岩波書店
植田今日子、二〇〇九、「ムラの「生死」をとわれた被災コミュニティの回復条件――中越地震被災集落・新潟県旧山古志村楢木集落の人びとの実践から」『ソシオロジ』54(2): 19-35
――、二〇一二、「なぜ被災者が津波常習地へと帰るのか――気仙沼市唐桑町の海難史のなかの津波」『環境社会学研究』18: 60-81
――、二〇一六、『存続の岐路に立つむら――ダム・災害・限界集落の先に』昭和堂
和気康太・相澤京美・望月孝裕、二〇一九、「福島原発事故避難者の『帰還』に関する一考察――福島県葛尾村の復興計画等の分析を通して」『明治学院大学社会学部付属研究所研究所年報』49: 39-54
渡辺恒夫、二〇一〇、『人はなぜ夢を見るのか――夢科学四千年の問いと答え』化学同人
山口弥一郎、［一九四三］二〇一一、『津浪と村』三弥井書店
――、［一九六二］二〇一一、『津浪と村』三弥井書店
山本薫子、二〇一七、「『原発避難』をめぐる問題の諸相と課題」長谷川公一・山本薫子編『原発震災と避難――原子力政策の転換は可能か』有斐閣：60-92
山下祐介、二〇一七、『「復興」が奪う地域の未来――東日本大震災・原発事故の検証と提言』岩波書店
柳田国男、一九八七、「第二部　民俗学教本案（二種）」柳田為正・千葉徳爾・藤井隆至編『柳田国男談話稿』法政

大学出版局：165-211
除本理史、二〇一九、「特集にあたって」『環境と公害』48(3): 38
吉野英岐、二〇一六、「原発事故による故郷喪失と暮らしの分断」『社会学年報』45: 35-7
福島県庁　避難地域復興課「避難区域の変遷について―解説」https://earthene.com/media/156（2022.7.19閲覧）

初出一覧

本書は、東北学院大学大学院人間情報学研究科に提出した博士学位論文「災害前の日常性からみる原発被災地域で暮らし直す仮構築の論理――福島県南相馬市X集落を事例に」（二〇一九年度）をもとに、その後二〇一九年度に採択された「地域社会と原子力に関する社会科学研究支援事業」で作成した最終報告書の一部を加えて、大幅な加筆と修正を行ったものである。

なお、本論の第一章・第二章・第三章・第四章については、既発表の以下の論文をもとに大幅な加筆と修正と入替を行い執筆した。また、補遺❷・補遺❸については、二〇一九年度に採択された「地域社会と原子力に関する社会科学研究支援事業」のなかで、筆者が作成した最終報告書「原発被災者はどのようにして生活を立て直してゆけるのか」をもとに、大幅な加筆と修正を行い執筆した。

・既発表の論文

庄司貴俊、二〇一八、「原発被災地で〈住民になる〉論理――なぜ農地への働きかけは事故以前と同じ周期リズムで

続けるのか」『環境社会学研究』24: 106-20

庄司貴俊、二〇一九、「農地への働きかけに関する一考察——社会学分野の先行研究から導き出されるもの」『人間情報学研究』24: 35-43

庄司貴俊、二〇一九、「原発被災地において農地の外観を保つ理由——福島県南相馬市X集落の事例」『社会学研究』103: 165-87

・報告書

庄司貴俊、二〇二〇、「原発被災者はどのようにして生活を立て直してゆけるのか」「地域社会と原子力に関する社会科学研究支援事業」報告書

【著者】庄司貴俊（しょうじ・たかとし）
一九九一年生まれ。東北学院大学大学院人間情報学研究科博士後期課程修了。博士（学術）。現在、東北学院大学非常勤講師。専攻は社会学、環境社会学、災害社会学。

・「原発被災地で〈住民になる〉論理――なぜ農地への働きかけは事故以前と同じ周期リズムで続けるのか」『環境社会学研究』24: 106-20、二〇一八

・「原発被災地において農地の外観を保つ理由――福島県南相馬市X集落の事例」『社会学研究』103: 165-87、二〇一九

・「原発事故から7年後に祭礼が復活した理由――福島県浪江町請戸の出初め式の事例」『村落社会研究ジャーナル』57: 1-12、二〇二二

原発災害と生活再建の社会学
――なぜ何も作らない農地を手入れするのか

二〇二三年四月一八日　初版発行

著者　庄司貴俊　しょうじ たかとし

発行者　三浦衛

発行所　春風社　Shumpusha Publishing Co., Ltd.
横浜市西区紅葉ヶ丘五三　横浜市教育会館三階
〈電話〉〇四五・二六一・三一六八　〈FAX〉〇四五・二六一・三一六九
〈振替〉〇〇二〇〇・一・三七五二四
http://www.shumpu.com　✉ info@shumpu.com

装丁　根本眞一・松田晴夫（クリエイティブ・コンセプト）

印刷・製本　シナノ書籍印刷株式会社

乱丁・落丁本は送料小社負担でお取り替えいたします。

ISBN 978-4-86110-861-7 C0036 ¥3000E